"十四五"高等教育能源类专业系列教材

分布式光伏发电系统设计安装与运维实务

主　编◎赵　雨
副主编◎籍楚雄

中国铁道出版社有限公司
CHINA RAILWAY PUBLISHING HOUSE CO., LTD.

内 容 简 介

本书根据高等院校能源类专业教学要求编写,主要是帮助读者了解当今主流的晶体硅光伏技术并掌握晶体硅分布式光伏电站的设计安装与运维,既包括晶体硅太阳电池的产业链、发电原理等,又包括分布式光伏电站的组成、部件选型、设计、安装和运维等工程性、实践性强的内容。

本书适合作为普通高等院校能源类专业的教材,也适合具有分布式光伏电站投资管理需求的电力相关行业人员或其他社会投资者参考。

图书在版编目(CIP)数据

分布式光伏发电系统设计安装与运维实务/赵雨主编.—北京:中国铁道出版社有限公司,2023.11

"十四五"高等教育能源类专业系列教材

ISBN 978-7-113-30441-6

Ⅰ.①分… Ⅱ.①赵… Ⅲ.①太阳能发电-系统设计-高等学校-教材②太阳能光伏发电-电力系统-设备安装-高等学校-教材③太阳能光伏发电-电力系统运行-高等学校-教材④太阳能光伏发电-电力系统-维修-高等学校-教材 Ⅳ.①TM615

中国国家版本馆 CIP 数据核字(2023)第 138188 号

书　　名:	分布式光伏发电系统设计安装与运维实务
作　　者:	赵　雨

策　　划:	何红艳	编辑部电话:	(010)63560043
责任编辑:	何红艳　包　宁		
封面设计:	付　巍		
封面制作:	刘　颖		
责任校对:	刘　畅		
责任印制:	樊启鹏		

出版发行:	中国铁道出版社有限公司(100054,北京市西城区右安门西街 8 号)
网　　址:	http://www.tdpress.com/51eds
印　　刷:	天津嘉恒印务有限公司
版　　次:	2023 年 11 月第 1 版　2023 年 11 月第 1 次印刷
开　　本:	787 mm×1 092 mm　1/16　印张: 11　字数: 267 千
书　　号:	ISBN 978-7-113-30441-6
定　　价:	38.00 元

版权所有　侵权必究

凡购买铁道版的图书,如有印制质量问题,请与本社教材图书营销部联系调换。电话 (010)63550836
打击盗版举报电话:(010)63549461

序

70 年前，美国贝尔实验室的研究人员发表了能够在太阳光下发电的 p-n 结型晶体硅光伏电池，这一成果开创了人类利用光伏技术向太阳索取电能的新纪元。此后，光伏技术从航天、军用到民用走过了大半个世纪的历程，为了提高太阳电池的效率和降低成本，人们做了无数的努力和探索，而所有的科研成果和辛勤工作的价值最终则是由光伏发电系统来实现的。与传统的火力发电、水力发电和核能发电相比，光伏发电在无污染、发电过程不消耗矿物能源、发电系统规模可大可小、设备可模块化、单体构件质量小、运输和施工方便、维护使用便捷等方面占尽了优势。最近十多年，光伏应用成本也随着技术的快速发展和光电转换效率的大幅提高而快速下降，2006 年安装第一套并网型家庭光伏发电系统时，组件单价高达 40 元/瓦，2023 年的市场组件单价已下降到平均 1.6 元/瓦，令人不胜感慨。

随着可持续发展理念逐步深入人心，传统的化石能源在环保和能源持续供给两方面都已经无法适应人类的长远发展，一些国家纷纷开始对能源结构进行调整。我国在调整能源结构的同时，又提出了碳达峰和碳中和两大目标。而要完成此"双碳目标"，必须减少传统能源的使用，逐步采用绿色的可再生能源进行替代，并且将随着社会经济的发展和人们对能源需求的不断增长而持续增加可再生能源的投入。

光伏发电系统的应用分为两大块，即大规模应用的集中式光伏发电站和中小规模应用的分布式光伏发电系统。太阳光普照大地，太阳能无处不在，从经济性、应用便捷性、抗灾害性的视角看，分布式光伏发电的市场前景远大，并随着储能技术的发展，其技术内涵将进一步得到发展和完善。

本书作者是常年在光伏教学和科研一线的高校教师和奋斗在光伏工程一线的技术人员，具有丰富的光伏教学实践和工程实践经验，因此所编写的内容都出自于实践，数据丰富，读来简明易懂。本书结合光伏电池的技术进步，介绍了各种光伏电池的基础知识，并结合自身实践详细介绍了分布式光伏发电系统设计、设备选型、安装及售后运维等内容，工程实践性较强，不失为一部很好的高等院校能源类专业教材，同时也是一部优秀的能源工程设计参考书。

分布式光伏发电系统的相关内容很丰富，在并网应用的同时，诸如全直流微电网、交直流混合微电网等技术也在向我们走来，需要我们去改进、完善和推广，希望将来有更多的光伏爱好者能进入该行业中来。

赵春江
2023年7月于上海

前　言

　　光伏发电技术是一种清洁新能源发电技术，发电过程不产生任何污染，不排放任何废气废液。光伏发电量在国内电力的占比越来越大，在碳达峰碳中和的事业中已经并将继续承担重要的作用。目前，国内的光伏全产业链的产能和产量、太阳电池及组件产品的技术性能都已经领先全世界！我们不得不为我们国家光伏产业的迅猛发展而自豪！为此，编者在本教材中展示国家光伏产业的迅猛发展，希望能为增强国家自信心和民族自豪感贡献一点微薄之力。

　　2021年国内分布式光伏新增装机首次超过地面集中电站，占当年的53%。2022年，由于工商业分布式光伏电站的快速增长，国内分布式光伏新增装机再次超过地面集中电站。2022年国家层面取消光伏补贴，户用光伏新增19 GW，同比增长39%，工商业分布式光伏电站新增约20.7 GW，同比增长269%。目前，分布式光伏电站的成本大为降低，花2万元就能在自己家屋顶建造一个5 kW户用分布式光伏电站。经过8年就能收回成本，还有17年以上的发电盈利时间。分布式光伏电站由哪些部件构成？各个部件的主要作用如何？如何选型？各个部件如何设计？光伏电站如何安装？电站并网后如何运维？这些都是本书的主要内容。

　　编写本教材的背景是光伏行业技术日新月异的发展。原本实验室的高精尖技术被越来越多地应用到工厂、车间。比如以前传统的单面背电场晶体硅电池越来越多地被PERC太阳电池、TOPCon太阳电池、HIT太阳电池代替；单片组件越来越多地转变为半片组件；传统的BAPV（建筑附属光伏电站）也有转变为BIPV（建筑光伏一体化）的趋势。教材的编写一定要跟上蓬勃发展的光伏产业技术。

　　上海电力大学于2010年为本科生开设"太阳能电池技术"和"太阳能发电技术"专业课程，当时在国内本科教学阶段是首次。经过10多年的课程建设，该专业课程已经成为上海市一流精品课程，但是尚缺乏贴近当前实际工程应用的教材，鉴于此，我们编写了本教材。考虑到教学实际，在教材后面增加了相应的习题，希望能为国内光伏教学做些贡献。

本教材具有以下特色：

（1）紧跟当今分布式光伏电站所用光伏组件的新技术，比如市场大量使用的 PERC 太阳电池、半片光伏组件等新技术。

（2）既有必要的理论介绍，比如太阳电池的发电原理和组件的光电性能等，又突出工程性与实践性，理论联系实际。

（3）分布式光伏电站的设计、安装具体到细节，因而本教材具有工具书的作用。争取使具有动手能力的初学者都能在本书的指导下完成户用分布式光伏电站的设计安装。

（4）本书最后包含分布式光伏电站设计软件的介绍。掌握了该软件，可以大大简化原本烦琐的分布式光伏电站的设计制图，从而使分布式光伏电站的设计既有理论的详细论述又有设计工程软件的介绍，既精通理论又能升级成为分布式电站设计图制作的专业高手。

本书的组件选型不求标新立异，但求选型的可靠性和高性价比。本书的选型不一味地强调技术的创新性而忽视技术的可靠性与最终的性价比。相当多的行业投资者为了创新而创新，盲目扩产、投资新技术，结果损失惨重。这必须引起行业足够的重视。

本书由赵雨任主编，籍楚雄任副主编，苏泽源、朱艳燕、谢东参与编写。其中，第 1~5 章由上海电力大学太阳能研究所赵雨和朱艳燕编写，第 6~8 章由港华新能源（苏州）投资有限公司设计院技术总监籍楚雄和谢东编写。苏泽源硕士为作图和制表做了大量工作，港华新能源（苏州）投资有限公司设计院为本书提供了大量的工程照片和设计资料，在此对他们深表谢意。

由于编者水平有限，书中难免存在疏漏和不妥之处，恳请广大读者批评指正。

编　者
2023 年 6 月

目 录

第1章	太阳能光伏发展历史与现状	1
1.1	世界太阳能光伏发展历史	1
1.2	国内太阳能光伏发展历史与现状	4
1.3	国内光伏行业现状	6
	习题	7

第2章	太阳电池概述	9
2.1	太阳电池的分类	9
2.2	市场应用的太阳电池	10
2.3	晶体硅太阳电池	11
2.4	PERC 单晶硅太阳电池	13
2.5	N-TOPCon 单晶硅太阳电池	14
2.6	HIT 太阳电池	14
2.7	非晶硅薄膜太阳电池	16
2.8	铜铟镓硒薄膜太阳电池	20
2.9	碲化镉薄膜太阳电池	22
2.10	钙钛矿太阳电池	23
	习题	25

第3章	光伏行业的产业链与生产工艺	26
3.1	高纯多晶硅材料的制备	27
3.2	单晶硅棒的制备	28
3.3	多晶硅锭的制备	30
3.4	硅片的制造	30
3.5	太阳电池片的制造	32
3.6	光伏组件的封装	46
3.7	光伏发电系统	53
	习题	60

第4章	晶体硅太阳电池工作原理与光电性能参数	61
4.1	晶体硅太阳电池结构和光生伏特效应	61
4.2	光电流和光电压	63
4.3	等效电路、输出功率和填充因子	68
4.4	太阳电池的量子效率与光谱响应	69
4.5	太阳电池的光电转换效率	70
	习题	76

| 第5章 | 分布式太阳能光伏发电系统的组成和选型 | 78 |

5.1	太阳能光伏组件	78
5.2	逆变器	80
5.3	直流汇流箱	82
5.4	交流汇流箱	83
5.5	并网配电箱	83
5.6	光伏线缆及连接器	84
5.7	光伏支架及基础	85
习题		93

第6章 分布式光伏发电站的设计 94

6.1	光伏电站设计原则、容量计算与选址	94
6.2	光伏方阵的朝向与倾斜角	95
6.3	光伏方阵的串、并联计算	97
6.4	光伏方阵组合设计、方阵排布与间距设计	101
6.5	光伏发电系统的电网接入	101
6.6	光伏系统总的效率及容配比设计	102
6.7	分布式光伏发电系统防雷设计	103
6.8	分布式光伏发电系统设计实例	104
6.9	离网型光伏发电系统的设计	140
习题		143

第7章 分布式光伏电站的运行维护 144

7.1	组件清洗维护	144
7.2	清除遮挡物	145
7.3	逆变器的检查维护	146
7.4	设备连接处的接触维护	147
7.5	汇流箱检查维护	148
习题		149

第8章 分布式光伏电站常见故障及排除 150

8.1	分布式光伏电站常见故障	150
8.2	分布式光伏电站组件故障的应急处理办法	153
习题		153

附录A 光伏施工图软件使用手册(节选) 154

A.1	软件概述	154
A.2	运行环境	154
A.3	软件安装	154
A.4	软件界面与功能	157
A.5	设计流程	159
A.6	施工图设计	160

参考文献 167

第 1 章

太阳能光伏发展历史与现状

 阅读导入

自从 1954 年第一块有使用价值的单晶硅太阳电池诞生以来，太阳能光伏技术一直在发展进步。太阳电池及光伏组件的转换效率越来越高，使用寿命越来越长，成本越来越低，如今从太空的人造卫星到地面的建筑物屋顶甚至沙漠、荒山、盐碱地、河道等都能见到太阳能光伏发电系统的身影。

历经十几年发展，中国光伏产业实现了从原料、市场、设备"三头在外"到光伏制造业世界第一、中国光伏发电装机量世界第一、中国光伏发电量世界第一等三项"世界第一"的转变。目前，我国在光伏产业链布局、生产成本和技术工艺等各方面都占据绝对主导地位。在 2023 年最新的全球光伏企业综合实力 20 强榜单中，中国独占 18 家，体现了中国光伏产业的超强实力。国内光伏产业的发展充分体现了国家对企业技术创新的支持，充分体现了党和国家科教兴国战略的英明，充分体现了企业家、科学家、大国工匠们卧薪尝胆、刻苦攻坚、精益求精、勇于突破的爱国奉献精神。

本章的学习能让我们了解世界和国内光伏技术与光伏产业的发展历史与现状。国内光伏行业的发展证明，只要我们下定决心，埋头苦干，充分发挥社会主义制度集中力量办大事的优势，我们就能在世界的各个产业中弯道超车、迎头赶上。

1.1 世界太阳能光伏发展历史

太阳能转换利用方式有光-热转换、光-电转换和光-化学转换三种方式。①太阳能热水系统是目前光-热转换的主要形式，它是利用太阳能将水加热储于水箱中以便利用的装置。太阳能产生的热能可以广泛应用到采暖、制冷、干燥、蒸馏、室温、烹饪等领域，并可以进行热发电和热动力。②利用光生伏打效应原理制成的光伏电池，可将太阳的光能直接转换成电能以利用，称为光-电转换，即光伏发电。本书所讲的就是光伏发电，所以太阳电池发电又称光伏发电、光伏工程等说法。③光-化学转换尚处于研究试验阶段，这种转换技术包括光伏电池电极化水制成氢、利用氢氧化钙和金属氢化物热分解储能等。

自从 1954 年第一块实用光伏电池问世以来，太阳能光伏发电取得了长足的进步。但比计算机和光纤通信的发展要慢得多。其原因可能是人们对信息的追求特别强烈，而常规能源还能满足人类对能源的需求。1973 年的石油危机和 20 世纪 90 年代的环境污染问题大大促进了太阳能光伏发电的发展。其技术及应用的发展历程见表 1-1。

表 1-1 太阳能光伏技术及应用的发展历程

年份	事件
1839 年	法国科学家贝克勒尔发现"光生伏打效应",即"光伏效应"
1876 年	亚当斯等在金属和硒片上发现固态光伏效应
1883 年	制成第一个"硒光电池",用作敏感器件
1930 年	肖特基提出 Cu_2O 势垒"光伏效应"理论。 同年,朗格首次提出用"光伏效应"制造"太阳电池",使太阳能变成电能
1931 年	布鲁诺将铜化合物和硒银电极浸入电解液,在阳光下启动了一个电动机
1932 年	奥杜博特和斯托拉制成第一块"硫化镉"太阳电池
1941 年	奥尔在硅上发现光伏效应
1954 年	恰宾和皮尔松在贝尔实验室,首次制成了实用的单晶硅太阳电池,光电转换效率为6%
1955 年	吉尼和罗非斯基进行材料的光电转换效率优化设计。同年,第一个光电航标灯问世
1957 年	硅太阳电池转换效率达8%
1958 年	太阳电池首次在空间应用,装备美国先锋1号卫星电源
1959 年	第一个多晶硅太阳电池问世,转换效率达5%
1960 年	硅太阳电池首次实现并网运行
1962 年	砷化镓太阳电池转换效率达13%
1969 年	薄膜硫化镉太阳电池转换效率达8%
1972 年	罗非斯基研制出紫光电池,转换效率达16%
1972 年	美国宇航公司背场电池问世
1973 年	砷化镓太阳电池转换效率达15%
1974 年	COMSAT 研究所提出无反射绒面电池,硅太阳电池转换效率达18%
1975 年	非晶硅太阳电池问世。同年,带硅电池转换效率达6%~9%
1976 年	多晶硅太阳电池转换效率达10%
1978 年	美国建成 100 kWp[①] 太阳能地面光伏电站
1980 年	单晶硅太阳电池转换效率达20%,砷化镓电池22.5%,多晶硅电池达14.5%,硫化镉电池达9.15%
1983 年	美国建成 1 MWp 光伏电站;冶金硅(外延)电池效率达11.8%
1986 年	美国建成 6.5 MWp 光伏电站
1990 年	德国提出"2 000 个光伏屋顶计划",每个家庭的屋顶装 3~5 kWp 光伏电池
1995 年	高效聚光砷化镓太阳电池效率达32%
1997 年	美国提出"百万太阳能屋顶计划",在 2010 年以前为 100 万户,每户安装 3~5 kWp 光伏电池
1997 年	日本"新阳光计划"提出到 2010 年生产 43 亿 Wp 光伏电池
1997 年	欧盟计划到 2010 年生产 37 亿 Wp 光伏电池
1998 年	单晶硅光伏电池效率达25%。荷兰政府提出"荷兰百万个太阳光伏屋顶计划",已于 2020 年完成
2000 年	德国可再生能源法(EEG2000)生效,成为德国推动可再生能源发电的最主要政策
2008 年	全球装机迅猛增加,当年为 6.5 GW,同比增速140%
2022 年	全球光伏累计装机容量突破 1 100 GW,光伏装机量大幅上升

---

① Wp 表示峰瓦,光伏组件的标称功率。

太阳能光伏的发展历史呈现出一定的阶段性特征，大致可分为以下几个阶段：

第一阶段（1954—1973 年）1954 年恰宾和皮尔松在美国贝尔实验室，首次制成了实用的单晶太阳电池，效率为 6%。同年，韦克尔首次发现了砷化镓有光伏效应，并在玻璃上沉积硫化镉薄膜，制成了第一块薄膜太阳电池。太阳电池开始了缓慢的发展。

第二阶段（1973—1980 年）1973 年 10 月爆发中东战争，引起了第一次石油危机，从而使许多国家，尤其是工业发达国家，加强了对太阳能及其他可再生能源技术发展的支持，在世界上再次兴起了开发利用太阳能热潮。1973 年，美国制订了政府级阳光发电计划，太阳能研究经费大幅度增长，并且成立太阳能开发银行，促进太阳能产品的商业化。美国于 1978 年建成 100 kWp 太阳能地面光伏电站。日本在 1974 年公布了政府制定的"阳光计划"，其中太阳能的研究开发项目有：太阳能房、工业太阳能系统、太阳能热发电、太阳电池生产系统、分散型和大型光伏发电系统等。为实施这一计划，日本政府投入了大量人力、物力和财力。至 1980 年，单晶硅太阳电池转换效率达 20%，砷化镓电池达 22.5%，多晶硅电池达 14.5%，硫化镉电池达 9.15%。

第三阶段（1980—1992 年）进入 20 世纪 80 年代，世界石油价格大幅度回落，而太阳能产品价格居高不下，缺乏竞争力；太阳能光伏技术没有重大突破，提高效率和降低成本的目标没有实现，以致动摇了一些人开发利用太阳能的信心；核电发展较快，对太阳能光伏的发展产生了一定的抑制作用。在这个时期，太阳能利用进入了低谷，世界上许多国家相继大幅度削减太阳能光伏研究经费，其中美国最为突出。

第四阶段（1992—2000 年）由于大量燃烧矿物化石能源，造成了全球性的环境污染和生态破坏，对人类的生存和发展构成威胁。在这样的背景下，1992 年联合国在巴西召开"世界环境与发展大会"，会议通过了《里约热内卢环境与发展宣言》《21 世纪议程》《联合国气候变化框架公约》等一系列重要文件，把环境与发展纳入统一的框架，确立了可持续发展的模式。这次会议之后，世界各国加强了清洁能源技术的开发，将利用太阳能与环境保护结合在一起，国际太阳能领域的合作更加活跃，规模扩大，使世界太阳能光伏技术进入了一个新的发展时期。

此期间标志性事件主要有：1993 年，日本重新制定"阳光计划"；1997 年，美国提出"百万太阳能屋顶计划"。在 1998 年，单晶硅光伏电池效率达 24.7%。

第五阶段（2000 年至今）进入 21 世纪，原油也进入了疯狂上涨的阶段，从 2000 年的不足 30 美元/桶，暴涨到 2008 年 7 月时接近 150 美元/桶，这让世界各国再次意识到不可再生能源的稀缺性，加强了人们发展新能源的欲望。此一阶段，太阳能产业也得到了轰轰烈烈的发展，德国在 2004 年修正 EEG 法案补贴新能源，西班牙在 2004 年开始实施 Red Decreto 法案，意大利实施 Conto Energia 法案，对光伏购电进行补偿，许多发达国家加强了政府对新能源发展的支持补贴力度，太阳能发电装机容量得到了迅猛增长。受益于太阳能发电需求的猛烈增长，中国 2007 年一跃成为世界第一太阳电池生产大国。在光伏电池转换效率方面，多晶硅太阳电池实验最高转换效率达到了 20.3%；2007 年，Spectrolab 最新研制的 GaAs 多结聚光太阳电池，转换效率达 40.7%。

1.2 国内太阳能光伏发展历史与现状

1958，中国研制出了首块硅单晶。

1968 年至 1969 年底，半导体所承担了为"实践 1 号卫星"研制和生产硅太阳电池板的任务。在研究中，研究人员发现，p^+/n 硅单片太阳电池在空间中运行时会遭遇电磁辐射，造成电池衰减，使电池无法长时间在空间运行。

1975 年宁波、开封先后成立太阳电池厂，电池制造工艺模仿早期生产空间电池的工艺，太阳电池的应用开始从空间降落到地面。

2001 年，无锡尚德建立 10 MWp 太阳能光伏电池生产线获得成功，2002 年 9 月，尚德第一条 10 MWp 太阳能光伏电池生产线正式投产，产能相当于此前四年全国太阳能光伏电池产量的总和，一举将我国与国际光伏产业的差距缩短了 15 年。

2003 年到 2005 年，在欧洲特别是德国市场拉动下，尚德和保定英利持续扩产，其他多家企业纷纷建立太阳电池生产线，使我国太阳电池的生产迅速增长。

2004 年，洛阳单晶硅厂与中国有色工程设计研究总院共同组建的中硅高科自主研发出了 12 对棒节能型多晶硅还原炉。以此为基础，2005 年，国内第一个 300 t 多晶硅生产项目建成投产，从而拉开了中国多晶硅大发展的序幕。

2007 年，中国成为生产太阳能光伏电池最多的国家，产量从 2006 年的 400 MW 一跃达到 1 088 MW。

2008 年，中国光伏产量占世界总产量的 26%，成为世界光伏第一制造大国。如今，光伏世界 20 强企业，中国占了 18 家。光伏总产量和制造技术均达到世界第一。

2012 年，在欧美国家"双反"政策（反倾销和反补贴）的剧烈冲击下，中国光伏产业处境艰难：由于原材料、市场、核心技术全部受制于人，行业处在"至暗时刻"。

事实证明，要想不被别人"卡脖子"，必须抓紧核心技术和产业链、供应链的"命门"。由此，中国光伏行业开启漫漫攻坚之路。

一方面，政府出台相关产业政策，从资金到市场、从财税到土地，迅速营造出有利于国内产业发展的政策环境。此后数年间，度电补贴、领跑者计划、户用光伏、绿证交易等政策先后登场，为光伏产业的发展壮大铺平道路。

另一方面，中国光伏企业掀起科技创新热潮。隆基、晶科、通威、协鑫等企业，持续不断加大科研投入和科技创新力度。各配套环节的制造企业，也如雨后春笋般涌现出来。

短短几年，光伏上中下游全产业链实现飞速发展。

以组件端设备串焊机为例，2013 年以前，国外设备厂商占据着国内太阳电池串焊接设备行业的绝对市场份额。但几年之后，市场格局便大相径庭。在奥特维、先导智能等一众国内串焊机企业的攻坚之下，中国市场新增产线中的串焊机 95% 变成了国产设备。截至目前，原行业龙头美国 Komax、日本 NPC、Toyama 等因产品价格过高，已退出串焊机市场。

在生产线专用设备方面，从硅材料生产，硅片加工，电池片、组件的生产到与光伏产业链相关检测设备、模拟器等，中国都已具备成套供应能力。

与此同时，中国光伏企业持续以技术创新推动行业降本增效。

以全球光伏龙头企业隆基为例，2014 年，隆基率先攻克 RCZ 单晶生长技术产业化难题，使硅棒产出由原来的每坩埚 60 kg，提升至每坩埚超 1 500 kg。这使单晶与多晶之间巨大的成本差距快速缩小，仅 2020 年就为中国光伏产业节省成本约 136 亿元。

此外，另一项关乎单晶未来的关键技术——金刚线切割技术也在隆基率先实现国产化，一举打破海外厂商对金刚线技术的垄断，并使金刚线的供应价格快速降至每米 0.3 元左右，每年为行业节约成本 300 亿元。

凭借技术迭代带来的优势，中国光伏行业效率不断攀升，成本一降再降，逐渐实现从补贴时代到平价时代的历史性跨越。

从"受制于人"到全球领先，从"至暗时刻"到"风光无限"，从政策补贴到降本增效，十年来，中国光伏产业已然发生巨变。

据中国光伏行业协会统计，中国光伏组件产量已连续 15 年位居全球首位，多晶硅产量连续 11 年位居全球首位，新增装机量连续 9 年位居全球首位，累计装机量连续 7 年位居全球首位。

如图 1-1 所示，光伏市场应用端，从 2013 年至 2022 年，中国光伏累计装机从 19.42 GW 增长至 358.5 GW，十年飙涨近 20 倍。国家能源局发布 2022 年 1~10 月全国电力工业统计数据显示，2022 年 10 月国内光伏新增装机量 5.64 GW，同比上升 50.4%，2022 年 1~10 月国内光伏新增装机量 58.24 GW，已超 2021 年全年 54.88 GW 的水平。国家能源局发布 2022 年全国电力工业统计数据，2022 年全国光伏新增装机规模 87.41 GW。

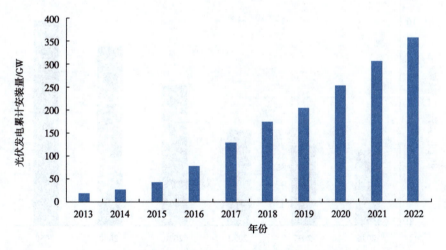

图 1-1　2013—2022 年中国光伏发电累计安装量

中国光伏领先世界背后，是全体光伏人的不懈付出，当然更离不开国家部门及相关政策的鼎力支持。2009 年 7 月 16 日《财政部、科技部、国家能源局关于实施金太阳示范工程的通知》，为促进光伏发电产业技术进步和规模化发展，培育战略性新兴产业，中央财政从可再生能源专项资金中安排一定资金，支持光伏发电技术在各类领域的示范应用及关键技术产业化。并网光伏发电项目原则上按光伏发电系统及其配套输配电工程总投资的 50% 给予补助，偏远无电地区的独立光伏发电系统按总投资的 70% 给予补助。

2013年8月26日《国家发改委关于发挥价格杠杆作用促进光伏产业健康发展的通知》光伏电站根据各地太阳能资源条件和建设成本,将全国分为三类太阳能资源区,相应制定光伏电站标杆上网电价。光伏电站标杆上网电价高出当地燃煤机组标杆上网电价的部分,通过可再生能源发展基金予以补贴。分布式光伏发电实行按照全电量补贴的政策,电价补贴标准为每千瓦时0.42元,通过可再生能源发展基金予以支付,由电网企业转付。光伏发电项目自投入运营起执行标杆上网电价或电价补贴标准,期限原则上为20年。

2021年6月7日《国家发展改革委关于2021年新能源上网电价政策有关事项的通知》2021年起,对新备案集中式光伏电站、工商业分布式光伏项目和新核准陆上风电项目,中央财政不再补贴,实行平价上网。从2021年起,我国光伏行业告别补贴,正式开启平价新时代。这恰好证明了中国太阳能光伏技术与产业的成熟,不需要补贴而能独立自主地发展。

1.3　国内光伏行业现状

中国2020年全面建成小康社会、在2035年基本实现社会主义现代化。2050年建成富强民主文明和谐美丽的社会主义现代化强国。这个目标是能源电力持续发展的强大动力源泉。如图1-2所示,随着新电气化时代的到来,电能需求空间会越来越大,电力在较长时期还要较快速发展。

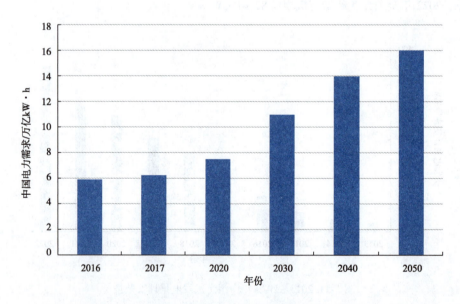

图1-2　中国电力需求现状及预测

2019年全国发电装机量20.1亿kW,燃煤发电占比较高,燃煤发电装机占全国总装机的55%,发电量占72%左右,如图1-3所示。

截至2020年,我国仍然是世界上碳排量最大的国家,达103.57亿t。2020年9月,中国在联合国大会上向全世界承诺:中国将提高国家自主贡献力度,采取更加有力的政策和措施,二氧化碳排放力争于2030年前达到峰值,努力争取2060年前实现碳中和。

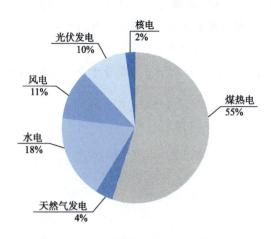

图 1-3　2019 年全国发电装机量 20.1 亿千瓦

为达到碳达峰和碳中和的目标，国家承诺到 2030 年我国风电、太阳能发电装机总容量将超 1 200 GW。这充分说明了我国政府对应对气候变化，发展清洁能源的坚定信心和支持力度。据业内人士预测，十四五期间年均光伏新增装机规模为 70～90 GW，到"十四五"末，我国光伏的安装总量将达到 600～700 GW。"十三五"期间，我国风电和光伏年均新增装机合计约为 6 263 万 kW（62.63 GW）。

我国民用建筑、大学、政府机关、医院、商场、市场等商业建筑具备良好的建设分布式光伏发电的条件。民居的产权清晰并且稳定，因此风险小，易于大面积推广。工业厂房屋顶建造光伏发电也是热点之一，工业厂房一般耗能较高，可以满足自发自用余电上网。我国东部地区工业发达，能源需求量大，可利用土地少，不适合发展大型地面光伏电站，但由于人口众多，建筑密集，十分适合发展分布式太阳能光伏电站。分布式太阳能光伏电站可以解决光伏发电就地消纳和长距离传输对光伏电站损耗的问题。分布式太阳能光伏发电将进入黄金十年发展周期。

我国西北太阳能光照以及土地资源丰富，特别适合发展集中式大规模光伏电站。西部地区要建成以新能源为主体的能源体系，助力全国实现双碳目标贡献力量。同时大规模的太阳能风能发展必将再一次给西部地区带来新的发展机遇。广袤的西部沙漠戈壁将给我国未来大规模光伏发电替代常规能源提供发展空间。随着我国改革和发展，西部将会迎来新的工业投资高潮，沿海发达地区产业结构转型决定了一些企业特别是高耗能企业将会向西部转移，西部电力的就地消纳的矛盾会逐步缓解。国家电网的建设和完善必将缓解西部电力东送的困难，为西部大规模发展光伏、风电奠定了基础。

习　题

1. 太阳能转换利用方式有哪三种？光伏发电属于哪一种？光伏发电与太阳能热水器的区别是什么？
2. 世界上第一块实用的太阳电池是由哪个国家的哪两位科学家发明的？

3. 2012年，在欧美国家"双反"政策（反倾销和反补贴）的剧烈冲击下，中国光伏产业处境艰难：由于原材料、市场、核心技术全部受制于人，行业处在"至暗时刻"。中国是如何应对的？结果如何？这个历程给我们怎样的启示？

4. 1 kW等于多少瓦？1 MW等于多少瓦？1 GW等于多少瓦？1 kW·h与1 kW有什么区别与联系？

第 2 章

太阳电池概述

阅读导入

太阳电池多为半导体材料制造，发展至今，已经种类繁多，形式多样。许多初学者对于名目繁多的太阳电池觉得摸不着头脑。本章就太阳电池的分类做具体细致的讲解，并且重点介绍当今光伏市场应用的主流电池——晶体硅太阳电池。中国的晶体硅太阳电池研发和制造技术国际领先。这与中国光伏科学家和技术人才的扎实研究是密不可分的。这其中的杰出代表之一就是冯志强。冯志强，复旦大学物理系学士，日本横滨国立大学工学硕士和博士，现任常州天合光能有限公司技术负责人、光伏科学与技术国家重点实验室主任等职。他从事晶体硅太阳能光伏技术研发工作，带领技术研发团队先后 10 次创造、刷新晶体硅太阳电池转换效率和组件输出功率的世界纪录；代表中国企业提交了首个 IEC 国际标准提案，实现了中国参与光伏国际标准制定零的突破；完成了国内首个高效全背电极（IBC）电池生产线建设。大量的国内光伏人的集体贡献造就了国家世界第一光伏大国的地位。

太阳电池可以按照制作材料、用途、工作方式的不同分类。最常见的是按照结构和制作材料的不同分类。

2.1 太阳电池的分类

1. 按照结构的不同分类

(1) 同质结太阳电池（GB/T 2296—2001 中用 T 表示）

由同一种半导体材料所形成的 p-n 结或者梯度结称为同质结。用同质结构成的电池称为同质结太阳电池，如晶体硅太阳电池、砷化镓太阳电池等。

(2) 异质结太阳电池（GB/T 2296—2001 中用 Y 表示）

由两种禁带宽度不同的半导体材料，在相接的界面上构成一个异质结的太阳电池称为异质结太阳电池。如氧化铟锡/硅电池、硫化亚铜/硫化镉电池等。如果两种异质材料晶格结构相近，界面处的晶格匹配较好，则称为异质面太阳电池，如砷化铝镓/砷化镓太阳电池。

(3) 肖特基结电池（GB/T 2296—2001 中用 X 表示）

用金属和半导体接触组成一个"肖特基势垒"的电池，又称 MS 电池。如铂/硅肖特基太阳电池、铝/硅肖特基太阳电池等。其原理是基于金属与半导体接触时，在一定条件下会产生整流接触的肖特基效应。目前已发展成为金属—氧化物—半导体电池（MOS）和金属—绝缘体—半导体电池（CIS）电池。这些又总称为导体—绝缘体—半导体（CIS）电池。

(4) 光电化学电池（GB/T 2296—2001 中用 G 表示）

用浸于电解质中的半导体构成的电池，又称液结电池。比如染料敏化太阳电池。

2. 按照制作材料不同分类

(1) 晶体硅太阳电池

以晶体硅材料为基体材料的太阳电池，包括单晶硅太阳电池和多晶硅太阳电池。

(2) 化合物半导体太阳电池

是指由两种及两种以上元素组成的具有半导体特性的化合物半导体材料制成的太阳电池，如硫化镉太阳电池、砷化镓太阳电池、碲化镉太阳电池、硒铟铜太阳电池、磷化铟太阳电池等。化合物半导体主要包括：①晶态无机化合物（包括硫化镉太阳电池、砷化镓太阳电池、碲化镉太阳电池等）；②非晶态无机化合物，如玻璃半导体；③有机化合物，如有机半导体；④氧化物半导体，如 MnO、Cr_2O_3、FeO、Fe_2O_3、Cu_2O 等。

(3) 有机半导体太阳电池

指含有一定数量的碳-碳键且导电能力介于金属和绝缘体之间的太阳电池。有机半导体可分为三类：①分子晶体，如萘、有机蒽、嵌二萘、酞花菁铜等；②电荷转移物，如芳烃-卤素络合物、芳烃-金属卤化物等；③高聚物。

(4) 薄膜太阳电池

是指用单质元素、无机化合物或者有机材料等制作的薄膜为基体材料的太阳电池。通常把膜层无基片而能独立成形的厚度作为薄膜厚度的大致标准，规定其厚度为 $1\sim2$ μm。这些薄膜通常用辉光放电、化学气相沉积、溅射、真空蒸镀等方法制得。目前主要有非晶硅薄膜太阳电池、多晶硅薄膜太阳电池、化合物半导体薄膜太阳电池、纳米晶薄膜太阳电池、微晶硅薄膜太阳电池等。非晶硅薄膜太阳电池指用非晶硅材料及其合金制造的太阳电池，又称无定形硅薄膜太阳电池，简称为 α-Si 太阳电池。目前主要有 PIN 非晶硅薄膜太阳电池、集成型非晶硅薄膜太阳电池、叠层非晶硅薄膜太阳电池等。

按照太阳电池的结构分类，其物理意义比较明确，因而我国国家标准将其作为太阳电池型号命名方法的首要依据。

2.2　市场应用的太阳电池

太阳电池的种类虽然繁多，但是目前光伏市场上应用最多的其实就两大类，如图 2-1 所示。一类是晶体硅太阳电池，包括单晶硅太阳电池与多晶硅太阳电池。截至目前，晶体硅太阳电池仍然占据了市场应用的 90% 以上，属于主流太阳电池。另一类是薄膜太阳电池，包括非晶硅薄膜太阳电池、铜铟镓硒薄膜太阳电池、碲化镉薄膜太阳电池、砷化镓薄膜太阳电池。各种类薄膜太阳电池合起来占光伏市场的 10% 左右，属于小众太阳电池。

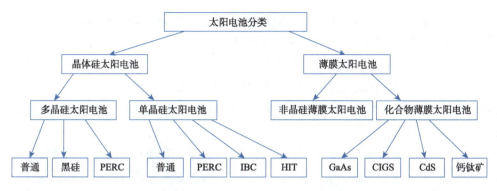

图 2-1 市场上应用的太阳电池分类

2.3 晶体硅太阳电池

自从 1958 年第一块能实际使用的单晶硅太阳电池诞生以来,单晶硅太阳电池的制造技术也是在不断创新。它的高光电转化效率(目前市场晶体硅太阳电池光电转化效率已经普遍在 20% 以上)与高稳定性(20 年后光电转换效率不低于 80%)是技术硬核。曾经有部分光伏同仁认为非晶硅薄膜或者其他薄膜太阳电池能取代晶体硅太阳电池,但是事实证明,无一能取代晶体硅太阳电池的主导地位。图 2-2 所示为单晶硅太阳电池片及组件。图 2-3 所示为多晶硅太阳电池片及组件。

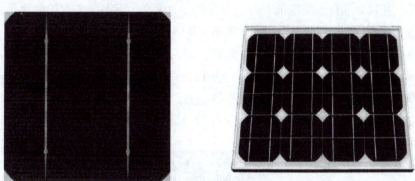

图 2-2 单晶硅太阳电池片及组件

图 2-3 多晶硅太阳电池片及组件

太阳电池片是光电转换的最小单元,尺寸一般为 2 cm×2 cm 到 21 cm×21 cm 不等。太阳电池片的工作电压约为 0.6 V,工作电流根据转换效率而定,当前一般在 30～38 mA/cm² 范围,一般不能单独作为电源使用。将太阳电池单体进行串并联并封装后,具有一定的防腐、防风、防雹、防雨、防尘等能力,就成为光伏组件,其功率一般为几瓦至几百瓦不等,是可以单独作为电源使用的最小单元。光伏组件再经过串并联并安装在支架上,就构成了太阳电池方阵,可以满足负载所要求的输出功率。

单晶硅与多晶硅都是由高纯多晶硅制造而来,由于制造工艺不同,单晶硅的结晶方向一致,所以外观均匀。多晶硅的结晶方向不一致,造成多晶硅晶粒之间存在明显的晶界,所以外观有花纹,颜色不均匀。图 2-4 所示为不同有序排列程度的晶格结构。

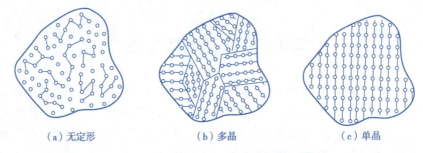

(a) 无定形　　　　　(b) 多晶　　　　　(c) 单晶

图 2-4　不同有序排列程度的晶格结构

另外,单晶硅太阳电池是由圆柱形的单晶硅硅棒纵向切除上下左右四小部分再沿横截面垂直切片制备的,所以单晶硅太阳电池有着四个圆弧形的倒角。而多晶硅太阳电池是由方形的多晶硅硅锭切割制造而成,所以多晶硅太阳电池不存在倒角,是方形的。

晶体硅太阳电池的结构如图 2-5 所示。典型的 n^+/p 型太阳电池的基本结构为:基体材料为一薄片 p 型单晶硅(厚度在 0.4 mm 以下),上表面为一层 n^+ 型的顶区,并构成一个 p-n^+ 结。顶区表面有栅状的金属电极,背表面为金属底电极。上、下电极分别和 n^+ 区和 p 区形成欧姆接触,整个上表面还均匀地覆盖着减反射膜。

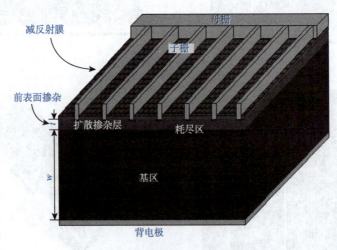

图 2-5　晶体硅太阳电池的结构示意图

2.4 PERC 单晶硅太阳电池

市场上应用的单晶硅太阳电池的制造技术也是在不断创新的。反映其核心技术参数的光电转换效率从诞生以来的 5% 逐步提升到了实验室最高纪录 24.7%。而光伏制造行业内也不断创新采用实验室的先进制造技术，PERC 单晶硅太阳电池就是一种先进的单晶硅太阳电池，目前已经被国内光伏制造企业广泛使用。市场上使用的 PERC 单晶硅光伏组件光电转换效率已经普遍在 20% 以上。

PERC 单晶硅太阳电池（Passivated Emitter and Rear Cell，钝化发射极和背面）已成为目前太阳电池制造行业中的主流技术。PERC 技术是通过在硅片的背面增加一层钝化层（氧化铝或氧化硅），对硅片起到钝化作用，可有效提升少子寿命进而提高太阳电池的光电转换效率。目前全球产能已经超过 200 GW，年产量超过 150 GW。在 PERC 基础上，如果背面不用铝浆，改成局部铝栅线，可以简单地升级成双面 PERC 结构，双面率可以达到 75%~85%。PERC 太阳电池也通常是双面电池。对于 PERC 电池来说，从目前的研究情况来看，量产光电转换效率已经提升到 23.5%，有望提升到 24%。但是再往上提升难度非常大。从成本方面来看，PERC 电池的非硅成本已经到 0.2 元/瓦左右，降本空间有限。传统 p 型单晶硅太阳电池与 PERC 电池如图 2-6 所示。

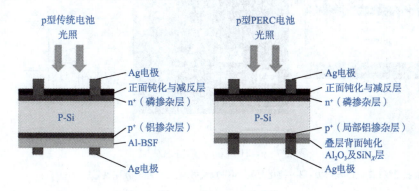

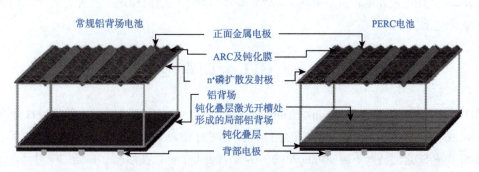

图 2-6 传统 p 型单晶硅太阳电池与 PERC 电池

PERC 太阳电池是在传统晶体硅太阳电池基础上改进而来的一种新的晶体硅太阳电池。其只要在传统的晶体硅太阳电池生产流程上增加 3 个步骤即可，产线升级简单，又能明显地提升太阳电池的光电转换效率，因此 PERC 太阳电池目前已经成为传统电池升级的主流方向。

PERC 太阳电池与常规太阳电池的工艺步骤上的区别主要在于多出三道工艺步骤，分别为：背面镀 Al_2O_3、背面镀 SiN_X、背面激光开槽；其余工艺步骤均与常规太阳电池生产线相同。

2.5　N-TOPCon 单晶硅太阳电池

N-TOPCon 太阳电池隧穿氧化层钝化接触电池（Tunnel Oxide Passivating Contacts Cell）也是一种高效单晶硅太阳电池。它是 2013 年在第 28 届欧洲 PVSEC 光伏大会上德国 Fraunhofer 太阳能研究所首次提出的一种新型钝化接触太阳电池。它以 n 型硅为基底，在背面做成钝化接触结构。前表面与 PERC 太阳电池没有本质区别，主要区别在于背面。基本原理是在 n 型硅片背面沉积一层 1~2 nm 的氧化硅，然后再沉积一层重掺杂的多晶硅薄膜，实现背面的钝化接触，提高开路电压，提升转化效率。N-TOPCon 太阳电池也可以做成双面电池，如图 2-7 所示。目前行业里 TOPCon 的量产效率已经超过 24%，双面率相对于 PERC 略低，但可以通过增加 PERC 产线的设备来升级，具有一定的空间。

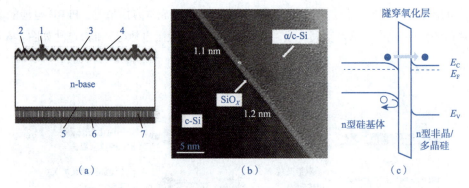

图 2-7　N-TOPCon 太阳电池结构

1—金属栅线；2—p^+ 发射极；3—钝化薄膜；4—减反射膜；5—超薄隧穿氧化层（SiO_2）；
6—金属化；7—磷掺杂多晶硅层

TOPCon 太阳电池光电转换效率高，n 型硅基片的光电性能更稳定，被誉为处于风口的高效率主流太阳电池。

2.6　HIT 太阳电池

HIT 是 Heterojunction with Intrinsic Thin-layer 的缩写，意为本征薄膜异质结。1992 年三洋公司第一次成功制备了 HIT 电池。HIT 电池结构，中间衬底为 n 型晶体硅，通过 PECVD 方法在 p 型 α-Si 和 c-Si 之间插入一层 10 nm 厚的 i-α-Si 本征非晶硅，在形成 p-n 结的同时。电池背面为 20 nm 厚的本征 α-Si:H 和 n 型 α-Si:H 层，在钝化表面的同时可以形成背表面场。由于非晶硅的导电性较差，因此在电池两侧利用磁控溅射技术溅射 TCO 膜进行横向导电，最后采用丝网印刷技术形成双面电极，使得 HIT 电池有着对称双面电池结构。

HIT 电池具有发电量高、度电成本低的优势，具体特点如下：

(1) 无 PID（电势诱导衰减）现象

由于电池上表面为 TCO，电荷不会在电池表面的 TCO 上产生极化现象，无 PID 现象。同时实测数据也证实了这一点。

(2) 低温制造工艺

HIT 电池所有制程的加工温度均低于 250 ℃，避免了生产效率低而成本高的高温扩散制结的过程，而且低温工艺使得 α-Si 薄膜的光学带隙、沉积速率、吸收系数以及氢含量得到较精确的控制，也可避免因高温导致的热应力等不良影响。这种技术不仅节约了能源，而且低温环境使得 α-Si:H 基薄膜掺杂、禁带宽度和厚度等可以较精确控制，工艺上也易于优化器件特性；低温沉积过程中，单晶硅片弯曲变形小，因而其厚度可采用本底光吸收材料所要求的最低值（约 80 μm）。图 2-8 所示为 HIT 电池结构示意图。

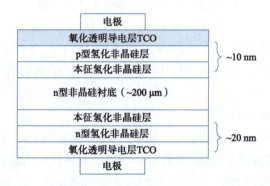

图 2-8　HIT 电池结构示意图

(3) 高效率

由于 HIT 电池的异质结内的材料禁带宽度比单晶硅的大，所以 HIT 电池的开路电压明显大于传统晶体硅的（约 650 mW），达到了 750 mV。HIT 电池一直在刷新着量产的电池转换效率的世界纪录。HIT 电池的效率比 p 型单晶硅电池高 1%～2%，而且它们之间的差异在慢慢增大。

(4) 高光照稳定性

同时 HIT 电池采用的 n 型硅片，掺杂剂为磷，几乎无光致衰减现象。甚至在光照下效率有一定程度的增加，上海微系统所在做 HIT 光致衰减实验时发现，光照后 HIT 电池转换效率增加了 2.7%，在持续光照后同样没有出现衰减现象。

(5) 对称结构适于薄片化

HIT 电池的厚度薄，可以节省硅材料；低温工艺可以减少能量的消耗，并且允许采用廉价衬底；HIT 电池完美的对称结构和低温度工艺使其非常适于薄片化，上海微系统所经过大量实验发现，硅片厚度在 100～180 μm 范围内，平均效率几乎不变，100 μm 厚度硅片已经实现了 23% 以上的转换效率，目前正在进行 90 μm 硅片批量制备。电池薄片化可以降低硅片成本，其应用也可以更加多样化。

(6) 低温度系数

HIT 电池的温度稳定性好，与单晶硅电池 -0.5%/℃ 的温度系数相比，HIT 电池的温度系数

可达到 -0.25%/℃，使得电池即使在光照升温情况下仍有好的输出。高温环境下发电量高，在一天的中午时分，HIT 电池的发电量比一般晶体硅太阳电池高出 8%~10%，双玻 HIT 组件的发电量高出 20% 以上，具有更高的用户附加值。

(7) 低成本

高效率使得在相同输出功率的条件下可以减少电池的面积，从而有效降低了电池的成本。HIT 是非常好的双面电池，正面和背面基本无颜色差异，且双面率（指电池背面效率与正面效率之比）可达到 90% 以上，最高可达 96%，背面发电的优势明显。

HIT 太阳电池拥有如此多的独特优势，也被誉为替代 PERC 的下一届主流硅基太阳电池。

晶体硅太阳电池是由片状的硅片制备而成的，厚度目前为 180~200 μm。而晶体硅又比较脆，所以一般来说，晶体硅太阳电池是块状的电池。而薄膜太阳电池的厚度一般只有几微米，有些是可以做成柔性的太阳电池。目前已经能进行产业化大规模生产的薄膜电池主要有 3 种：硅基薄膜太阳电池、铜铟镓硒薄膜太阳电池（CIGS）、碲化镉薄膜太阳电池（CdTe）。2007 年薄膜太阳电池产量（包括非晶硅 α-Si、CdTe、CIGS 等技术）增速持续超越整体产业，2007 年薄膜太阳电池产量达到 400 MW，较 2006 年的 181 MW 大幅增长了 120%，2007 年薄膜太阳电池市占率由 2006 年的 8.2% 提升至 12%，而 2008 年已达到 15%~20%。在薄膜太阳电池通过电池转换效率进一步提升以及大面积生产的成本优势，其市占率有进一步提升空间。2008 年全球薄膜太阳电池产量达 892 MW，同比增长 123%。

2020 年全球薄膜太阳电池的产能接近 10 GW，产量约为 6.48 GW，同比增长 5.5%。从产品类型来看，2020 年碲化镉薄膜电池的产量约为 6.2 GW，在薄膜太阳电池中占比为 95.7%；铜铟镓硒薄膜电池的产量约为 270 MW，占比为 4.2%；硅基薄膜电池产量 10 MW，占比不到 0.2%。2021 年全球薄膜太阳电池的产能 10.7 GW，产量约为 8.28 GW，同比增长 27.7%。

2021 年碲化镉（CdTe）薄膜太阳电池的产量约为 8.03 GW，其中国外 7.9 GW，国内 130 MW，在薄膜太阳电池中占比为 97%；铜铟镓硒（CIGS）薄膜电池的产量约为 245 MW，其中国外 210 MW，国内 35 MW，占比为 3%。

2022 年全球薄膜太阳电池的产能 11 GW，产量约为 9.2 GW，同比增长 10.3%。2022 年碲化镉薄膜电池的产量约为 9.18 GW，其中国外 9.1 GW，国内 80 MW，在薄膜太阳电池中占比为 99%；铜铟镓硒薄膜太阳电池的产量约为 30 MW，均在国内生产，占比为 1%。

2.7 非晶硅薄膜太阳电池

1. 非晶硅薄膜太阳电池的诞生

太阳电池在 20 世纪 70 年代中期诞生，这是科学家力图使自己从事的科研工作适应社会需求的一个范例。他们在报告中提出了发明非晶硅太阳电池的两大目标：与昂贵的晶体硅太阳电池竞争；利用非晶硅太阳电池发电，与常规能源竞争。20 世纪 70 年代曾发生过有名的能源危机，这种背景催促科学家把对 α-Si 材料的一般性研究转向廉价太阳电池应用技术创新，这种创新实际上又是非晶半导体向晶体半导体的第三次挑战。太阳电池本来是晶体硅的应用领域，挑战者称，太阳电池虽然是高品位的光电子器件，但不一定要用昂贵的晶体半导体材料制造，廉价的非晶硅薄膜材料也可以胜任。

无定形材料第一次在光电子器件领域崭露头角是在 1950 年。当时人们在寻找适用于电视摄像管和复印设备用的光电导材料时找到了无定形硒（α-Se）和无定形三硫化锑（α-SbS$_3$）。当时还不存在非晶材料的概念及有关领域，而晶体半导体的理论基础——能带理论，早在 20 世纪 30 年代就已成熟，晶体管已经发明，晶体半导体光电特性和器件开发正是热点。而 α-Se 和 α-SbS$_3$ 这类材料居然在没有基础理论的情况下发展成为产值在 10 亿美元的大产业，非晶材料的这第一次挑战十分成功，还启动了对非晶材料的科学技术研究。1957 年斯皮尔成功地测量了 α-Se 材料的漂移迁移率；1958 年美国的安德松第一次在论文中提出，无定形体系中存在电子局域化效应；1960 年，苏联人约飞与热格尔在题为"非晶态、无定形态及液态电子半导体"的文章中提出了对非晶半导体理论有重要意义的论点，即决定固体的基本电子特性是属于金属还是半导体、绝缘体的主要因素是构成凝聚态的原子短程结构，即最近邻的原子配位情况。从 1960 年起，人们开始致力于制备 α-Si 和 α-Ge 薄膜材料。早先采用的方法主要是溅射法。同时有人系统地研究了这些薄膜的光学特性。1965 年斯特林等人第一次采用辉光放电（GD）或等离子体增强化学气相沉积（PECVD）制备了氢化无定形硅（α-Si：H）薄膜。这种方法采用射频（直流）电磁场激励低压硅烷等气体，辉光放电化学分解，在衬底上形成 α-Si 薄膜。开始采用的是电感耦合方式，后来演变为电容耦合方式，这就是后来的太阳电池用 α-Si 材料的主要制备方法。

1960 年发生了非晶半导体在器件应用领域向晶体半导体的第二次挑战。这就是当年美国人欧夫辛斯基发现硫系无定形半导体材料具有电子开关存储作用。这个发现在应用上虽然不算成功，但在学术上却具有突破性的价值。诺贝尔奖获得者莫特称，这比晶体管的发明还重要。它把科学家的兴趣从传统的晶体半导体材料引向了非晶半导体材料，掀起了研究非晶半导体材料的热潮。我国也正是在 20 世纪 60 年代末期开始从事该领域的研究的。从 1966 年到 1969 年有关科学家深入开展了基础理论研究，解决了非晶半导体的能带理论，提出了电子能态分布的 Mott-CFO 模型和迁移边的思想。

电子能带理论是半导体材料和器件的理论基础。它可以指导半导体器件的设计和工艺，分析材料和器件的性能。尽管目前非晶硅能带理论还不很完善，也存在争议，但毕竟为非晶半导体器件提供了理论上的依据。

2. 非晶硅薄膜太阳电池的基本结构

非晶硅薄膜太阳电池［见图 2-9（a）］采用普通浮法玻璃作为载体。在玻璃上涂有透明导电膜 TCO，主要成分是 SnO$_2$。光穿过透明的 TCO 被电池吸收，要求有较高的透过率；另一方面，TCO 是导电的，可作为电池的一个电极。太阳电池就是以 TCO 薄膜为衬底生长的，用等离子体增强化学气相沉积法（PECVD）制备的太阳电池层又称有效层。有效层包括两个 PIN 串联的双结结构。与 TCO 薄膜连接的第一结称为顶层非晶硅层 α-SI：H，能吸收短波长光子，与非晶硅层连接的第二结称为底层微晶硅层 μc-Si：H，能吸收长波长光子。阳光首先透过顶层玻璃和透明导电薄膜到达顶层非晶硅层，阳光中的短波长光子被顶层非晶硅层吸收，而长波长光子透过顶层非晶硅层到达底层微晶硅层、并被底层微晶硅层吸收，这种结构有较高的光电转换效率。通过磁控溅射制作的 Al/Ag 电极连接着有效层的背电极。最后，用防护玻璃罩密封 EVA（乙烯醋酸乙烯）箔进行叠层组件，这种结构的非晶硅薄膜太阳电池又称层叠电池，如图 2-9（b）所示。

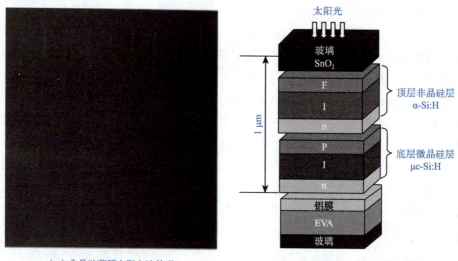

（a）非晶硅薄膜太阳电池外观　　（b）非晶硅薄膜太阳电池的层叠结构

图 2-9　非晶硅薄膜太阳电池的外观及层叠结构

3. 非晶硅薄膜太阳电池的优势

技术向生产力如此高速的转化，说明非晶硅太阳电池具有独特的优势。这些优势主要表现在以下方面：

① 材料和制造工艺成本低。这是因为衬底材料（如玻璃、不锈钢、塑料等）价格低廉。硅薄膜厚度不到 1 μm，昂贵的纯硅材料用量很少。制作工艺为低温工艺（100～300 ℃），生产的耗电量小，能量回收时间短。

② 易于形成大规模生产能力。这是因为核心工艺适合制作特大面积无结构缺陷的 α-Si 合金薄膜；只需改变气相成分或者气体流量便可实现 n 结以及相应的迭层结构；生产可全流程自动化。

③ 品种多，用途广。薄膜的 α-Si 太阳电池易于实现集成化，器件功率、输出电压、输出电流都可自由设计制造，可以较方便地制作出适合不同需求的多品种产品。由于光吸收系数高，暗电导很低，适合制作室内用的微低功耗电源，如手表电池、计算器电池等。由于 α-Si 膜的硅网结构力学性能结实，适合在柔性的衬底上制作轻型的太阳电池。灵活多样的制造方法，可以制造建筑集成的电池，适合户用屋顶电站的安装。

4. 非晶硅薄膜太阳电池的缺点

非晶硅太阳电池尽管有如上诸多优点，但缺点也很明显。主要是初始光电转换效率较低，稳定性较差。初期的太阳电池产品初始效率为 5%～6%，标准太阳光强照射一年后，稳定化效率为 3%～4%，在弱光下应用当然不成问题，但在室外强光下，作为功率发电使用时，稳定性成了比较严重的问题。功率发电的试验电站性能衰退严重，寿命较短，严重影响消费者的信心，造成市场开拓困难，有些生产线倒闭，比如 CHRONAR 公司。

5. 非晶硅薄膜太阳电池的光致衰退机制

α-Si 薄膜在强光（通常是一个标准太阳的光强，$100\ mW/cm^2$）下照射数小时，光电导逐渐下降，光照后暗电导可下降几个数量级并保持相对稳定；光照的样品在 160 ℃下退火，电导可恢复原值,这就是有名的斯太不拉-路昂斯基效应,简称 SWF。暗电导的阿兰纽斯特性测量表明,光照时电导激活能增加,这意味着费米能级从带边移向带隙中央,说明了光照在带隙中部产生了亚稳的能态或者说产生了亚稳缺陷中心。这种亚稳缺陷可用退火消除。根据半导体载流子产生复合理论,禁带中央的亚稳中心的复合概率最大,具有减少光生载流子寿命的作用;同时它又作为载流子的陷阱,引起空间电荷量的增加,降低 I 层内的电场强度,使光生载流子的自由漂移距离缩短,减少载流子收集效率。这就使太阳电池的性能下降。

研究光致亚稳态的机理,寻找克服光致衰退的办法,不仅对完善发展非晶硅材料的基础理论是重要的,而且对改善太阳电池的性能也很紧迫。从对太阳电池产品的使用来说,还要解决加速光衰、标定产品稳定性能的问题。

世界上凡从事 α-Si 研究和开发应用的实验室,都在研究光致衰退的问题,开展了各种实验观察,提出了种种的理论模型。但是,至今还没有一个令人信服的统一的模型可以解释各种主要的实验事实。比较一致的看法是,光致衰退与 α-Si 材料中氢运动有关。比较重要的模型有:①光生载流子无辐射复合引起弱的 Si-Si 键的断裂,产生悬挂键,附近的氢通过扩散补偿其中的一个悬键,同时增加一个亚稳的悬键。②悬键的荷电对 T 与光生载流子相互作用,变成两个乃态,乃态是一个单电子占据的悬键态,它的出现使费米能级向下面的带隙中央移动(通常非掺杂的 I 层呈弱的 n 型,费米能级在带隙中距导带边稍近)。这个模型假定,悬键为双电子占据时,相关能为负值。负相关能最可能存在于氢富集的微空洞的表面。③布朗兹最近提出的新模型认为,光生电子相互碰撞产生两个可动的氢原子,氢原子的扩散形成两个不可动的 Si-H 键复合体,亚稳悬键出现在氢被激发的位置处,此模型可定量地说明光生缺陷的产生机理,并可解释一些主要的实验现象。以上列举的较为可信的模型都说明,光致衰退效应与非晶硅薄膜材料中的氢的移动有关。α-Si 材料是在较低的温度下,通过硅烷类气体等离子体增强化学分解,在衬底上淀积获得的。它的硅网络结构不可避免地存在硅的悬键。这些悬键如果没有氢补偿,隙态密度将非常高,不可能用来制作电子器件。广泛采用的 PECVD 法沉积的非晶硅薄膜含有 10%~15% 的氢含量,一方面使硅悬键得到了较好的补偿;另一方面,这样高的氢含量远远超过硅悬键的密度。可以肯定地说,氢在 α-Si 材料中占有激活能不同的多种位置,其中一种是补偿悬键的位置,其他则处于激活能更低的位置。理想的 α-Si 材料应该既没有微空洞等缺陷,也没有 SiH_2、$(SiH_2)_n$ 与 SiH_3 等的键合体。材料密度应该尽量地接近理想的晶体硅的密度,硅悬挂键得到适量氢的完全补偿,使得隙态密度低,结构保持最高的稳定性。寻找理想廉价的工艺技术来实现这种理想的结构,应能从根本上消除光致衰退,这是一项非常困难的任务。

6. 非晶硅薄膜太阳电池效率低的原因

非晶硅太阳电池属于半导体结型太阳电池,可以依据结型太阳电池的模型对其理想的光伏性能作出估算。有 1.7 eV 带隙的非晶硅太阳电池的理论效率在 25% 左右。实际上,第一阶段制作的小面积电池初始效率约为理论效率的一半,其他品种的太阳电池实际达到的光伏性能与理论值相比,差距都小于非晶硅的差距。

非晶硅薄膜太阳电池效率低的主要原因如下:

① 非晶硅薄膜材料的带隙较宽,实际可利用的主要光谱域是 0.35~0.7 μm 波长,相对较窄。

② 非晶硅薄膜太阳电池开路电压与预期值相差较大，其原因是：①迁移边存在高密度的尾态，掺杂杂质离化形成的电子或空穴仅有一定比例的部分成为自由载流子，电导激活能即费米能级与带边的差不可能很小；②材料多缺陷，载流子扩散长度很短，电荷收集主要靠内建电场驱动下的漂移运动，靠扩散收集的分量可以忽略，这与晶体硅电池正好相反，为了维持足够强的内建电场，PIN 结的能带弯曲量必须保持较大才能保证有足够的电场维持最低限度的电荷收集，能带弯曲量与电池输出电压对应的电子能量之和为 p、n 两种材料费米能级之差。既然剩余能带弯曲量较大，输出电压必然较低。而晶体电池电荷收集主要靠载流子扩散，剩余能带弯曲量可以较小，加之 p、n 两种材料的激活能较低，所以开路电压与其带隙宽度相对接近。

③ 非晶硅薄膜材料隙态密度较高，载流子复合概率较大，二极管理想因子通常大于 2，与 $n=1$ 的理想情况相差较大。

④ 非晶硅薄膜太阳电池的一区和 n 区的电阻率较高，TCO/p-α-Si（或 TCO/n-α-Si）接触电阻较高，甚至存在界面壁垒，这就带来附加的能量损失。

以上这些问题必须由新的措施来解决，这就构成了非晶硅太阳电池下一阶段发展的主要任务。

2.8 铜铟镓硒薄膜太阳电池

铜铟镓硒 Cu(InGa)Se$_2$(CIGS) 薄膜太阳电池是一种化合物薄膜太阳电池。它具有转换效率高、成本低、光照稳定性好等特点，是最有发展前景的薄膜太阳电池之一。截至目前，基于三步共蒸发工艺制备的 CIGS 薄膜太阳电池的效率已达 19.99%，是所有薄膜太阳电池中最高的。

铜铟镓硒的结构如图 2-10 所示。从下到上：1~5 mm 厚的钠钙玻璃基底；约 1 μm 厚的钼金属背面电极；约 2 μm 厚的铜铟镓硒光吸收层；约 50 nm 厚的硫化镉缓冲层；约 50 nm 厚的氧化锌和约 1 μm 厚的铝杂氧化锌窗口层；约 100 nm 厚氟化镁光学增透层；约 2 μm 厚镍铝正面电极。

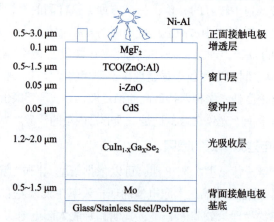

图 2-10 铜铟镓硒太阳电池结构示意图

铜铟镓硒是一种异质结化合物太阳电池，具有以下优点：

① 作为直接带隙半导体材料，铜铟镓硒对光的吸收率高，吸收系数高达 10^5 量级，适合薄

膜化，电池厚度可做到 2~3 μm，降低昂贵的材料成本。

② 光学带隙可调。调制 Ga/In 比，可使带隙在 1.0~1.7 eV 间变化，可使铜铟镓硒吸收层带隙与太阳光谱获得最佳匹配。

③ 抗辐射能力强。通过电子与质子辐照、温度交变、振动、加速度冲击等试验，光电转换效率几乎不变。在空间电源方面有很强的竞争力。

④ 稳定性好，不存在晶体硅太阳电池和非晶硅薄膜太阳电池那样的光致衰退效应。

⑤ 电池光电转换效率高。小面积实验室转换效率可达 19.9%，大面积组件可达 14.2%。

⑥ 铜铟镓硒太阳电池板可做成柔性，其均匀的颜色和稳定的性能，更加适合于建筑一体化的应用，因此，光伏建筑市场将是该类电池的主要市场，如图 2-11 所示。

图 2-11　铜铟镓硒光伏组件外观

现在 CIGS 薄膜光伏组件面积已经可以达到 0.5 m² 以上，主要有 600 mm×900 mm 和 600 mm×1 200 mm 等规格。主要由各公司不同设备条件决定。其组件生产工艺流程如图 2.12 所示。

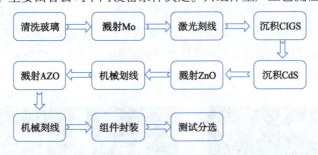

图 2-12　铜铟镓硒薄膜电池组件生产工艺流程

现在铜铟镓硒组件处于产业化初级阶段，主要是美国、德国和日本等发达国家公司。其工艺各具特色，主要采用的都是真空溅射技术，区别主要是制备 CIGS 吸收层的部分工艺差别。国内最早开展 CIGS 研究的是南开大学，先后承担了国家"十五""863"等重点课题。在"铜铟硒太阳能薄膜电池实验平台与中试线"和天津市的支持下，南开大学光电子薄膜器件与技术研究所的研究取得了关键性突破，其采用共蒸发法制备的 CIS 薄膜电池效率在 2003 年达到了 12.1%。2008 年 12 月，位于天津滨海新区的"国家 863 铜铟硒薄膜太阳电池中试基地"研制出 29 cm×36 cm 的 CIGS 光伏组件，转换效率达到 7%。最近几年，国内一些单位也在开展 CIGS 薄膜太阳电池制备工艺方面的研究工作。

CIGS 薄膜太阳电池的底电极 Mo 和上电极 n-ZnO（n 型氧化锌）一般采用磁控溅射的方法，

工艺路线比较成熟。最关键的吸收层的制备必须克服许多技术难关，目前的主要方法包括：共蒸发法、溅射后硒化法、电化学沉积法、喷涂热解法和丝网印刷法等。现在研究最广泛、制备出电池效率比较高的是共蒸发和溅射后硒化法，被产业界广泛采用。

铜铟镓硒薄膜太阳电池的制备对于吸收层的控制是技术难点，铜铟镓硒四种元素配比的精确控制与薄膜的沉积质量稳定性都是非常有挑战性的。造成制备的铜铟镓硒太阳电池质量的稳定性不够高。缓冲层硫化镉是一种有毒元素，也是一个缺点。另外，复杂的制备工艺造成制造成本高是一个制约其市场占有率的重要因素。

2.9 碲化镉薄膜太阳电池

1963 年，Cusano 最先研制出了以碲化镉为 n 型、以碲化亚铜为 p 型结构的太阳电池，当时光电转换效率仅为 2.1%。1982 年，Kodak 实验室制备出了结构 p-CdTe/n-CdS 薄膜太阳电池，其光电转换效率为 10%，是当时碲化镉（CdTe）薄膜太阳电池的技术基础。

碲化镉薄膜太阳电池的结构如图 2-13 所示。在玻璃衬底上依次沉积制备透明氧化层（TCO）、CdS、CdTe 薄膜，而太阳光由玻璃衬底上方照射进入，先透过 TCO 层，再进入 CdS/CdTe 结。

硫化镉（CdS）是 n 型半导体，与 p 型 CdTe 组成 p-n 结。CdS 的吸收边大约是 521 nm，可见几乎所有可见光都可以透过。因此 CdS 薄膜常用于薄膜太阳电池中的窗口层。碲化镉吸收层是电池的主体吸光层，它与 n 型的 CdS 窗口层形成的 p-n 结是整个电池最核心的部分。多晶 CdTe 薄膜具有制备太阳电池的理想的禁带宽度和高的光吸收率。图 2-14 所示为碲化镉薄膜太阳电池与组件。

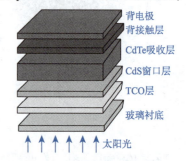

图 2-13 碲化镉薄膜太阳电池结构示意图

图 2-14 碲化镉薄膜太阳电池与组件

目前，国外实验室小面积碲化镉太阳电池的转换效率已经达到了 16.5%，商业组件的转换效率约 10%。国内四川大学制备出转换效率为 13.38% 的小面积电池，54 cm^2 集成组件转换效率达到 7%。

碲化镉薄膜太阳电池的禁带宽度较小，可吸收 95% 以上的阳光。制造工艺比非晶硅和铜铟镓硒薄膜太阳电池简单，标准工艺，低能耗，无污染，生命周期结束后可回收，强弱光均可发电，温度越高表现越好。但是碲化镉太阳电池也有缺点。碲原料稀缺，无法保证碲化镉太阳电池不断增产的需求。另外，镉作为重金属是有毒的。碲化镉太阳电池在生产和使用过程中有排放和污染，会影响环境。

2.10 钙钛矿太阳电池

截至 2022 年，世界光伏累计安装量已超过 260 GW。其中 85% 是第一代晶体硅太阳电池，其他的是第二代薄膜太阳电池，主要包括非晶硅薄膜太阳电池、碲化镉薄膜太阳电池和铜铟镓硒薄膜太阳电池。第二代太阳电池虽然拥有更短的能量偿还周期但并未能替代第一代太阳电池，主要是因为前者有着不少的缺点，比如能量转换效率低，制造电池所需材料是稀有材料以及电池工作的稳定性不够好等。最近几年，一种新的太阳电池即钙钛矿太阳电池异军突起，电池的能量转换效率由 2009 年的 3.5% 提高到了 2022 年的 25.2%。

1839 年，俄罗斯矿物学家 vonPerovski 首次发现钙钛矿存在于乌拉尔山的变质岩中。目前，已知有数百种此类矿物质，其家族成员从导体到绝缘体范围极为广泛，最著名的是高温氧化铜超导体。制备钙钛矿太阳电池所用的钙钛矿材料通常为 $CH_3NH_3PbI_3$，属于半导体。如图 2-15 所示，钙钛矿结构的通式为 ABO_3。

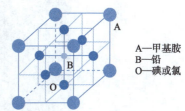

图 2-15 钙钛矿材料结构示意图

钙钛矿材料中 A 为甲基胺，B 为铅，O 为碘或氯或者两者混合。钙钛矿太阳电池来自染料敏化太阳电池。染料敏化太阳电池是由在液体电解质中 10 μm 厚多孔 TiO_2 及其附着的有机染料活性层构成的，能量转换效率已超 12%。用 Spiro-OMeTAD 作空穴传输层，$CH_3NH_3PbI_3$ 作染色剂的固态染料敏化太阳电池在 2012 年获得突破，标准测试条件下能量转换效率达到 9.7%。同时该器件显示出极好的稳定性：未封装器件存放 500 h 后光伏性能未明显衰减。紧随其后，Al_2O_3 取代 TiO_2 作为阻挡层，钙钛矿 $CH_3NH_3PbI_2Cl$ 作为染料的钙钛矿太阳电池取得了超过 10% 的能量转换效率。固态染料敏化太阳电池从 1998 年至 2011 年一直没有取得重大进展，在 2012 年间由于使用钙钛矿结构材料作活性层获得了重大突破与发展。2013 年以钙钛矿材料作染料，以 poly-(triarylamine)（PTAA）作空穴传输层（hole transportation materials，HTM）的钙钛矿太阳电池取得了 12.3% 的能量转换效率。Snaith 课题组用多源气相蒸发沉积法制备的钙钛矿 $CH_3NH_3PbI_xCl_{3-x}$ 作染料制作的平面异质结钙钛矿太阳电池能量转换效率达到 15.4%。据报道，2021 年，无锡极电光能科技有限公司对外宣布在大面积钙钛矿组件效率上取得了突破性进展，经全球权威测试机构 J 严格检测，在 63.98 cm^2 的钙钛矿光伏组件上实现 20.5% 的光电转换效率。该效率是目前全球范围内大面积钙钛矿组件效率的最高纪录，已经与当前主流晶硅产品效率相当。

钙钛矿太阳电池的制备工艺大致如下：覆盖透明导电 FTO（fluorine-doped tin oxide）层的玻璃衬底作阳极，在其上旋涂一层 TiO_2，然后 500~550 ℃ 退火得到多孔 TiO_2 薄膜；接着用旋涂法或者气相沉积法沉积一层厚度约 300 nm 的 $CH_3NH_3PbI_xCl_{3-x}$ 钙钛矿；然后再用旋涂法沉积一层

Spiro-OMeTAD 作为空穴传输层；最后用热蒸发法沉积一层银或者金作为阴极。钙钛矿太阳电池结构如图 2-16 所示。

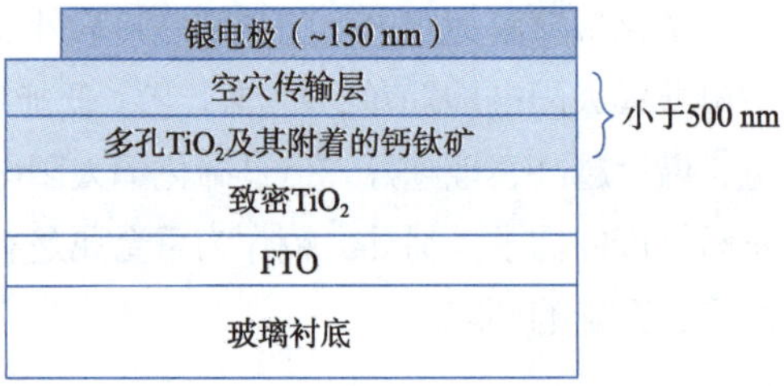

其中空穴传输层 Spiro-OMeTAD 和下方的多孔 TiO_2/钙钛矿是相互浸润的，其厚度小于 500 nm。钙钛矿太阳电池本质上是一种固态染料敏化太阳电池，如图 2-17 所示。它具有类似于非晶硅薄膜太阳电池的 p—I—n 结构。钙钛矿材料作为光吸收层（I 本征层）夹在电子传输层 TiO_2（n 型）和 HTM（p 型）之间。借助紫外光电子能谱（UPS）和紫外-可见光吸收谱测量得知钙钛矿 $CH_3NH_3PbI_3$ 的禁带宽度为 1.5 eV。当能量大于其禁带宽度的入射光照射钙钛矿材料时，激发出电子空穴对，电子空穴对在钙钛矿中传输，到达 TiO_2/钙钛矿和钙钛矿/HTM 之间的界面时发生电子空穴分离，电子进入 TiO_2，空穴进入 HTM，最后到达各自的电极（电子到达 FTO 阳极，空穴到达金或银阴极）。

图 2-16 钙钛矿太阳电池结构示意图

图 2-17 具有柔性的钙钛矿薄膜太阳电池

经过仅 1 年多的技术发展，钙钛矿太阳电池就显示出卓越的光伏特性。首先，钙钛矿太阳电池具有较高的量子效率和短路电流密度。$CH_3NH_3Pb(I，Cl)_3$ 和纯 $CH_3NH_3PbI_3$ 钙钛矿太阳电池的内量子效率在 400～800 nm 波长范围内峰值都达到了 80%。气相沉积法制备的钙钛矿太阳电池最高的短路电流密度达到 21.5 mA/cm^2，大于已完成产业化的非晶硅薄膜太阳电池的最高短路电流密度 19.4 mA/cm^2。其较高的电流密度有两方面的原因：①钙钛矿材料完美的结晶度，加上适中的禁带宽度（1.5 eV 左右）使该材料表现出较高的光吸收系数；②最重要的是钙钛矿材料的载流子扩散长度值很高。大的载流子扩散长度对于太阳电池非常重要，它意味着光生电子空穴对（或激子对）在分离贡献光生电流之前能够输运更远的距离而不是以热辐射等形式复合损失掉。一般来说，载流子的扩散长度越大，其量子效率和光生电流密度越大。

不仅如此，钙钛矿太阳电池还有另外一个优势即它的开路电压很高。纯 $CH_3NH_3PbI_3$ 钙钛矿太阳能电池的开路电压高达 1 V，而 $CH_3NH_3PbI_{3-x}Cl_x$ 钙钛矿太阳电池的开路电压高达 1.1 V。两者的电压因子通常高于其他第三代太阳电池。用其他禁带宽度更高的钙钛矿材料所制备的钙钛矿太阳电池获得了高达 1.3 V 的开路电压。而与之类似的非晶硅薄膜太阳能电池的开路电压最高仅为 0.887 V。

钙钛矿太阳电池也存在一些缺点，其进入市场应用还有很长的路要走。首先，目前实验室里制造的大部分电池是微小的，仅几毫米大。相比之下，晶体硅太阳电池单体片尺寸高达十几厘米。实验室很难生产出较大面积的钙钛矿连续薄膜。其次，钙钛矿太阳电池对氧气非常敏感，会与其发生化学反应进而破坏晶体结构，并产生水蒸气，溶解盐状的钙钛矿。目前最好的钙钛矿中的铅可能会滤出，对屋顶和土壤造成一定的污染。

除此之外，目前钙钛矿太阳电池还面临制造技术的瓶颈和器件测试方面的问题：空穴传输层价格昂贵和能量转换效率测试时的回滞现象。

① 虽然钙钛矿材料相对便宜，但制造钙钛矿太阳电池所用的有机空穴传输层 Spiro-OMeTAD 的市场价格是黄金的 10 倍以上。Christian 等发现用碘化铜制成的无机空穴导电材料可以替代 Spiro-OMeTAD。碘化铜导体的导电率比后者高 2 个数量级，这使其能达到更高的填充因子，也决定了用其制成的太阳电池具有更大的功率。但目前的研究结果表明，基于碘化铜的钙钛矿太阳电池在能量转换转化效率上暂时不及原有技术。这一点未来有望通过降低其较高的重组率来弥补。

② 虽然近年来钙钛矿太阳电池的效率有着快速的提高，但目前越来越多的研究人员注意到，在对这一类太阳电池进行伏安曲线测试时，其图线会出现明显的回滞现象。这可能导致研究人员对之前所有钙钛矿太阳电池转换效率的高估或低估。

习 题

1. 按照结构分类，太阳电池分为哪几大类？p 型晶体硅太阳电池属于哪一类？
2. PERC 晶体硅太阳电池结构上与传统的 p 型硅背电场太阳电池有何区别？有何优势？
3. TOPCon 太阳电池结构上与传统的 p 型硅背电场太阳电池有何区别？有何优势？
4. HIT 太阳电池结构上与传统的 p 型硅背电场太阳电池有何区别？有何优势？
5. 非晶硅薄膜太阳电池的优缺点是什么？
6. 目前市场上应用最多的薄膜型太阳电池是哪一种？碲化镉薄膜太阳电池相比较晶体硅太阳电池有何优势？
7. 钙钛矿太阳电池的结构如何？制备它要用到哪些材料？钙钛矿太阳电池的优势有哪些？目前哪些因素限制了它的大规模应用？

第 3 章

光伏行业的产业链与生产工艺

阅读导入

国内的光伏行业已经形成一个完整的产业链。光伏产业链包括哪几个环节？分布式光伏设计安装属于哪一个环节？学习完本章内容，相信各位读者都会知晓。

近些年来，全世界生产及应用最多的太阳电池是晶体硅太阳电池，其产量占到当前世界太阳电池总产量的 90% 以上。晶体硅太阳电池制造工艺成熟，性能稳定可靠，光电转换效率高，使用寿命长，已经进入工业化大规模生产。因此，本章重点介绍地面应用的晶体硅太阳电池的一般生产制造工艺。

晶体硅太阳电池生产制造工艺包括的内容有宽狭之分。宽的内容范围，包括高纯多晶硅材料的制备、太阳电池片的制造和光伏组件的封装三部分。狭的内容范围仅仅指太阳电池片的制造。本章介绍宽的内容范围，即不仅包括太阳电池片的制造，还包括高纯多晶硅的制备和晶体硅光伏组件的封装。

目前晶体硅太阳电池主流的制造工艺是以丝网印刷电极为特征的现代先进丝网印刷工艺，其能量转换效率在标准测试条件下已达到 18% 左右。基于电极金属化制备方法，存在几种高效率的实验室太阳电池，有些高效实验室太阳电池像 HIT 太阳电池已进入规模化生产阶段。

全世界的太阳能研究所、实验室以及太阳电池制造商对工艺的创新投入大，太阳电池的制造工艺发展迅速，当今主流的生产工艺可能在若干年后被更先进的新工艺所代替，这是学习本章应该注意的。

光伏产业链包括多晶硅原料制造（上游）、硅片制造（中游）和太阳电池片制造（中游）、光伏组件封装（中游）、太阳能光伏发电工程（下游）四个环节，如图 3-1 所示。

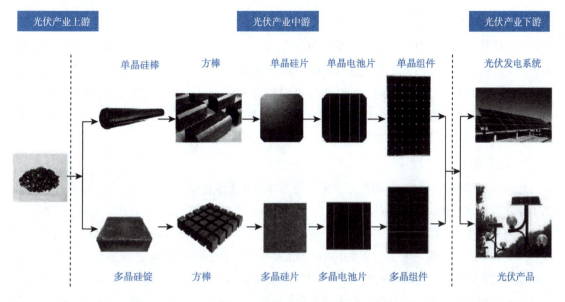

图 3-1 光伏行业产业链

3.1 高纯多晶硅材料的制备

硅是地壳中分布最广的元素,其含量高达 25.8%。但自然界的硅,主要以石英砂形式存在,其主要成分为硅的氧化物。生产制造硅太阳电池用的硅材料——高纯多晶硅,是用石英砂冶炼出来的,首先把石英砂放在电炉中,用碳还原的方法得到工业硅,又称冶金硅。其反应式为:

$$SiO_2 + 2C = Si + 2CO$$

较好的工业硅是纯度为 98%~99% 的多晶硅。工业硅所包含的杂质,因原材料和制法而异。一般来说,铁、铝占 0.1%~0.5%,钙占 0.1%~0.2%,铬、锰、镍、铁、钛、锆各占 0.05%~0.1%,硼、铜、镁、磷、钒等均在 0.01% 以下。工业硅大量用于一般工业,仅有百分之几用于电子信息工业。

从冶金级硅提炼出太阳能级多晶硅是整个产业链的核心技术所在,是制约光伏产业链中最大的瓶颈,一方面是提炼晶体硅的工艺成本和技术,另一方面是生产多晶硅流程中的高耗能高污染的环境成本。多晶硅制备国际主流的技术有如下几类:

1. 改良西门子法

1955 年,西门子公司开发的在硅芯发热体上沉积硅的工艺技术,称西门子法。在此基础上,实现了闭路循环,形成了改良西门子法。改良西门子法是目前生产多晶硅最为成熟、投资风险最小、最容易扩建的工艺,国内外现有的多晶硅厂大多采用此方法生产太阳能级与电子级多晶硅,占当今世界生产总量的 70%~80%,电力成本约占总成本的 70%。使用这种方法生产多晶硅成本为 25~35 美元/kg,仍是目前的主流工艺技术。该方法利用氯气和氢气合成 HCl(或外购 HCl),HCl 和工业硅粉在一定的温度下合成 $SiHCl_3$,然后对 $SiHCl_3$ 进行分离精馏提纯,提纯后的 $SiHCl_3$ 在氢还原炉内进行化学气相沉积反应得到高纯多晶硅。

2. 流化床法

该方法是以 $SiCl_4$、H_2、HCl 和工业硅为原料，在高温高压流化床内（沸腾床）生成 $SiHCl_3$，将 $SiHCl_3$ 再进一步歧化加氢反应生成 SiH_2Cl_2，继而生成硅烷气。制得的硅烷气通入加有小颗粒硅粉的流化床反应炉内进行连续热分解反应，生成粒状多晶硅产品。目前采用该方法生产颗粒状多晶硅的公司主要有：挪威可再生能源公司（REC）、德国瓦克公司（Wacker）、美国 HemLock 和 MEMC 公司等。使用这种方法生产多晶硅成本为 15～25 美元/kg。

3. 冶金法

1996 年，日本川崎制铁公司开发了由冶金级硅生产太阳能级多晶硅的方法。采用纯度较高的工业硅进行水平区熔单向凝固成硅锭，除去硅锭中的金属、硼、磷和碳杂质后再进行清洗，在熔解炉内直接生成太阳能级多晶硅。美国道康宁公司采用此法 2006 年投产了 1 000 t 多晶硅生产线，其成本低于改良西门子法的 2/3，是世界上第一个采用大规模制备技术生产出的多晶硅材料。使用这种方法生产多晶硅的成本为 5～15 美元/kg。该方法是选择纯度较好的工业硅进行水平区熔单向凝固成硅锭，除去硅锭中金属杂质聚集的部分和外表部分后，进行粗粉碎与清洗，在等离子体融解炉中除去硼杂质，再进行第二次水平区熔单向凝固成硅锭，之后除去第二次区熔硅锭中金属杂质聚集的部分和外表部分，经粗粉碎与清洗后，在电子束熔解炉中除去磷和碳杂质，直接生成太阳能级多晶硅。

除了以上三类主流制作多晶硅技术之外，随着光伏产业发展对多晶硅的需求迅速增长，近年来不断涌现出多种专门用于太阳能级多晶硅生产的低成本新技术工艺，如汽-液沉积法、区域熔化提纯法、无氯技术、碳热还原反应法、铝热还原法，以及常压碘化学气相传输净化法等。目前，太阳能级多晶硅制备技术与工艺主要掌握在美国、日本、德国以及挪威等国家的几个主要生产厂商中，形成技术封锁和垄断。我国的多晶硅生产厂家大多采用的是改良西门子技术工艺，为满足社会经济日益发展的需求，急需进一步扩大多晶硅生产的规模和加强低成本新技术与新工艺的研究。

下面介绍国内外大多数公司采用的改良西门子法。

工业硅与氢气或者氯化氢反应，可以得到三氯氢硅或者四氯化硅。经过精馏，使三氯氢硅或者四氯化硅的纯度提高，然后通过还原剂（通常为氢气）还原为单质硅。在还原过程中，沉积的微小硅粒形成很多晶核，并且不断增多长大，最后形成棒状（或者针状、块状）多晶硅。习惯上把这种还原沉积出的高纯硅棒（或者针状、块状）称为多晶硅。它的纯度为 99.99% 至 99.999 9%。

由硅砂制备高纯多晶硅的工艺流程如图 3-2 所示。

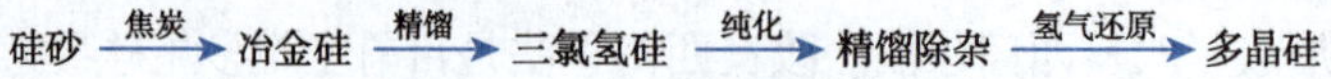

硅砂 —焦炭→ 冶金硅 —精馏→ 三氯氢硅 —纯化→ 精馏除杂 —氢气还原→ 多晶硅

图 3-2 硅砂制备高纯多晶硅工艺流程

3.2 单晶硅棒的制备

单晶硅锭的制备方法很多，可以从熔体上生长，也可以从气相中沉积。目前国内外在生产中采用的主要有熔体直拉法和悬浮区熔法两种。

1. 直拉法（CZ）

直拉法即所谓丘克拉斯基法。是将经处理的高纯多晶硅或者半导体工业所生产的次品硅（单晶或者多晶头尾料）装入单晶炉的石英坩埚内，在合理的温度中，于真空或者气氛保护下加热使硅熔化，用一个经加工处理过的晶种——籽晶，使其与熔硅充分熔接，并以一定的速度旋转提升，在晶核诱导下，控制特定的工艺条件和掺杂技术使其具有预期电性能的单晶沿籽晶定向凝固、成核长大，从熔体上缓缓提拉出来。目前我国用此法可以制备出直径达 0.2 m（8 in）、重达百余千克的大型单晶硅锭。直拉单晶炉以及 CZ 法拉出的单晶硅锭如图 3-3 所示。

图 3-3　CZ 法单晶硅炉以及拉出的单晶硅锭

2. 悬浮区熔法（FZ）

悬浮区熔法又称无坩埚区熔法。是将预先处理好的多晶硅棒和籽晶一起竖直固定在区熔炉的上下轴之间，以高频感应等方法加热。由于硅密度小、表面张力大，在电磁场浮力、熔硅表面张力和重力的平衡作用下，使所产生的熔区能稳定地悬浮在硅棒中间。在真空或气氛下，控制特定的工艺条件和掺杂，使熔区在硅棒上从头到尾定向移动，如此反复多次，最后沿籽晶长成具有预期电性能的单晶硅锭。目前，在生产中广泛使用的是内热式高频感应加热，在真空或者气氛下区熔合生长单晶。即工作线圈放在工作室内用高频感应加热。此方法的特点是能够提高单晶硅纯度、减少含氧量及晶体缺陷，但是成本很高，因此目前仅用于生产高效太阳电池的单晶硅材料。内热式区熔炉的结构如图 3-4 所示。

图 3-4　内热式区熔炉的结构示意图

3.3 多晶硅锭的制备

多晶硅太阳电池是以多晶硅为基体材料的太阳电池。它的出现主要是为了降低晶体硅太阳电池的成本。其主要优点有：能直接拉制出方形硅锭，设备比较简单，并能制出大型硅锭以形成工业化生产规模；材质电能消耗较省，并能用较低纯度的硅作投炉料；可在电池工艺方面采取措施降低晶界及其他杂质的影响。其主要缺点是生产出的多晶硅太阳电池转换效率要比单晶硅太阳电池稍低。

1. 定向凝固法

定向凝固法是将硅材料放到坩埚中熔融，然后将坩埚从热场逐渐下降或从坩埚底部通冷源，以造成一定的温度梯度，固液面则从坩埚底部向上移动而形成硅锭。图3-5所示为多晶硅定向凝固法设备图。

图3-5 多晶硅定向凝固法设备图

2. 浇铸法

浇铸法是将熔化后的硅液从坩埚中倒入另一模具中形成硅锭，铸出的硅锭被切成方形硅片制成太阳电池。此方法设备简单、耗能低、成本低，但易造成位错、杂质缺陷而导致转换效率低于单晶硅太阳电池。

近年来，多晶硅的铸锭工艺主要朝大锭方向发展。目前生产出的是 65 cm×65 cm、重达 240 kg 的方形硅锭。铸出此锭的炉时为 36~60 h。切片前的硅材料实收率可达 83.8%。由于铸锭尺寸的加大，使生产率及单位质量的实收率都有所增加，提高了晶粒尺寸及硅材料的纯度，降低了坩埚的损耗及电能损耗，使多晶硅锭的加工成本较拉制单晶硅降低了许多。

3.4 硅片的制造

硅片的制造，是将硅锭表面经过整形、定向、切割、研磨、腐蚀、抛光、清洗等工艺，加工成具有一定直径、厚度、晶向和高度、表面平行度、平整度、光洁度、表面无缺陷、无崩边、无损伤层、高度完整、均匀、光洁的镜面硅片。硅片加工的一般工艺流程如图3-6所示。

第 3 章 光伏行业的产业链与生产工艺

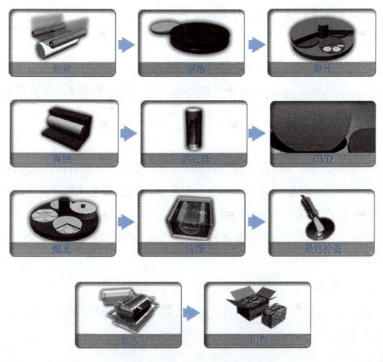

图 3-6 硅片加工工艺流程

将硅锭按照技术要求切割成硅片，才能作为生产制造太阳电池的基体材料。因此，硅片的切割，即通常所说的切片是整个硅片加工的重要工艺。所谓切片就是将硅锭通过镶铸金刚砂磨料的刀片（或者钢丝）的高速旋转、接触、磨削作用，定向切割成为符合规格的硅片。切片工艺技术直接关系到硅片的质量和成品率。切片的方法目前主要有外圆切割、内圆切割、多线切割以及激光切割。采用多线切割机切片是当前最为先进的切片方法。图 3-7 所示为多线切割。它是用钢丝携带研磨微粒完成切割工作。即将 100 km 左右的钢丝卷置于固定架上，经过滚动碳化硅磨料切割完成切片。此方法具有切片质量高、速度快、产量大、成品率高、材料损耗少、可切割更大更薄的片（0.2 mm）以及成本低的优点，适宜于大规模自动化生产。典型的瑞士多线切割机的生产能力为可同时加工 4 组 125 mm × 125 mm × 520 mm 的硅锭，用时约 3.15 h，可切片 4 160 片，片子厚度 2005 年为 325 μm，2008 年为 180 μm，比一般的内圆式切割机可节约硅材料 1/4 左右。

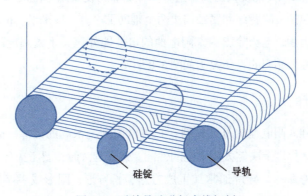

图 3-7 对单晶硅进行多线切割

选用制造太阳电池硅片的主要技术原则有以下几项：

1. 导电类型

在两种导电类型的硅材料中，p 型硅常用硼为掺杂元素，用以制造 n^+/p 型硅电池；n 型硅用磷或者砷为掺杂元素，用以制造 p^+/n 型太阳电池。这两种电池的各项性能参数大致相当。目前国内外大多采用 p 型硅材料。为了降低成本，两种材料均可以选用。

2. 电阻率

硅的电阻率与掺杂金属杂质浓度有关。就太阳电池制造而言，硅材料的电阻率的范围相当宽，从 $0.1 \sim 50\ \Omega \cdot cm$ 甚至更大范围均可采用。在一定范围内，太阳电池的开路电压随着硅基体材料电阻率的下降而增加。在材料电阻率较低时，能得到较高的开路电压，而短路电流略低，但总的转换效率较高。所以，地面应用宜使用 $0.1 \sim 3.0\ \Omega \cdot cm$ 的硅材料。太低的电阻率，反而使开路电压降低，并导致填充因子下降。

3. 晶向、位错、寿命

太阳电池较多选用（111）和（110）晶向生长的硅材料。对于单晶硅电池，一般要求无位错和尽量高的少子寿命。

4. 几何尺寸

主要有 $\phi 50\ mm$、$\phi 70\ mm$、$\phi 100\ mm$、$\phi 200\ mm$ 的圆片和 $100\ mm \times 100\ mm$、$125\ mm \times 125\ mm$、$156\ mm \times 156\ mm$、$180\ mm \times 180\ mm$ 甚至 $210\ mm \times 210\ mm$ 的方片。硅片的厚度目前已经由原来的 $300 \sim 450\ \mu m$ 降低到 $180 \sim 200\ \mu m$。

3.5 太阳电池片的制造

制造晶体硅太阳电池按照先后制造工序一般包括硅片检测分选、硅片的表面处理、扩散制结、刻蚀周边、去磷硅玻璃、蒸镀减反射膜、印刷电极和太阳电池分类筛选等 8 道工序。太阳电池和其他半导体器件的主要区别是需要一个大面积的 p-n 浅结实现光电转换。电极用来收集从太阳电池内部到达正负极表面的载流子进而向外部负载输出电能。减反射膜的作用是使电池外表"更黑"以吸收更多的太阳光能使输出功率进一步提高。为使太阳电池成为可以使用的器件，在电池的制造工艺中还包括去除背结和腐蚀周边两个辅助工序。一般来说，p-n 结特性是影响太阳电池转换效率的决定因素，电极除影响太阳电池的电性能外还关乎太阳电池的可靠性和寿命长短。一般生产工艺流程及相应的设备说明如图 3-8 所示。

3.5.1 硅片的选择

硅片是制造晶体硅太阳电池的基体材料，它可以由纯度很高的硅棒、硅锭或者硅带切割而成。硅材料的性质很大程度上决定太阳电池的性能。选择硅片时，要考虑硅材料的导电类型、电阻率、晶向、位错、寿命等。硅片通常加工成方形、长方形、圆形或者半圆形，厚度为 $180 \sim 200\ \mu m$。

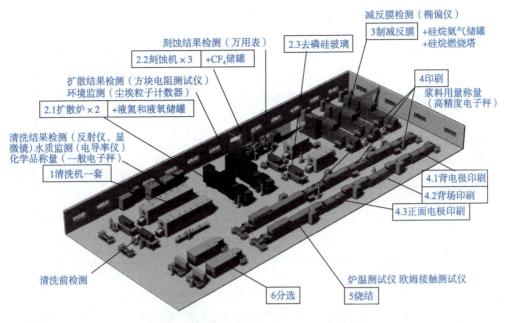

图 3-8 太阳电池生产线流程及相应设备

3.5.2 硅片的表面处理

切好的硅片,表面脏且不平,因此在制造太阳电池之前要先进行硅片的表面准备,包括硅片的化学清洗和硅片的表面腐蚀。化学清洗是为了除去玷污在硅片上面的各种杂质。表面腐蚀是为了除去硅片表面的切割损伤,获得适合制结要求的硅表面。制结前硅片表面的性能和状态直接影响结的特性,从而影响成品太阳电池的性能,因此硅片的表面准备十分重要,是太阳电池制造生产工艺流程的重要工序。

1. 硅片的化学清洗

由硅棒、硅锭或者硅带所切割的硅片表面可能玷污的杂质可归纳为三类:① 油脂、松香、蜡等有机物质;② 金属、金属离子及各种无机化合物;③ 尘埃以及其他可溶性物质。通过一些化学清洗剂可以达到去污的目的。常用的化学清洗剂有高纯水、有机溶剂、浓酸、强碱以及高纯中性洗涤剂等。图 3-9 所示为各种金属杂质对太阳电池转换效率的影响。

2. 硅片的表面腐蚀

硅片经化学清洗去污后,接着要进行表面腐蚀。这是因为机械切片后在硅片表面留有平均 30~50 μm 厚的损伤层,需要在腐蚀液中腐蚀掉,如图 3-10 所示。

通常使用的腐蚀液有酸性腐蚀液和碱性腐蚀液两类。硝酸和氢氟酸的混合液可以起到良好的腐蚀作用。通过调整硝酸和氢氟酸的比例及溶液的温度可控制腐蚀的速度。在腐蚀液中加入醋酸作缓冲剂可使硅片表面光亮。碱性腐蚀液一般用氢氧化钠、氢氧化钾等碱的溶液起作用,生成硅酸盐并放出氢气。碱性腐蚀液虽然没有酸性腐蚀液腐蚀出来的硅片光亮平整,但所制的成品电池的性能却是相同的。近年来国内外的生产实践表明,与酸腐蚀相比,碱腐蚀具有成本低和环境污染小的优点。

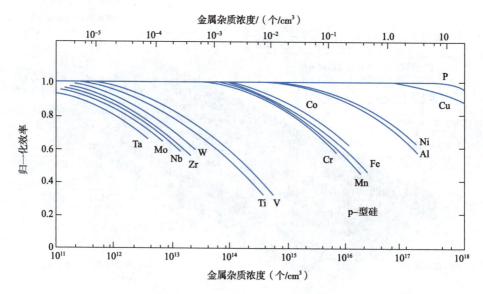

图 3-9 金属杂质对硅太阳电池转换效率的影响

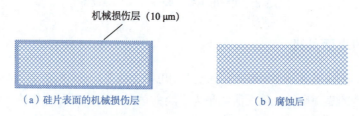

图 3-10 腐蚀掉硅片表面的机械损伤层

多晶硅直接采用九槽清洗机清洗,见表 3-1。

表 3-1 九槽清洗机清洗多晶硅的方法

槽 编 号	溶 液 组 成	作 用
1	300 g/L NaOH 溶液,80 ℃	清除表面油污,去除机械损伤层
2	纯水	清洗硅片表面残留 NaOH 溶液
3	纯水	
4	纯水	
5	40 g/L HF 溶液	清除硅片表面残留的 Na_2SiO_3 和 SiO_2 层
6	纯水	清洗硅片表面残留 HF 溶液
7	65 g/L HCl 溶液	清除硅片表面金属杂质
8	纯水	清洗硅片表面残留 HCl 溶液
9	纯水喷淋	充分洁净硅片表面

注:纯水是指电阻率为 18 MΩ·cm 的去离子水。

单晶硅腐蚀液的配制以及腐蚀工艺与多晶硅腐蚀液的配制以及工艺有所不同。单晶硅要先进行超声波清洗,然后用九槽清洗机清洗,其过程以及溶液的配制见表 3-2。单晶硅片的表面油污比较严重时,需在 60 ℃ 清洗剂的水溶液中,利用超声波振荡清洗 15 min。

表 3-2　九槽清洗机清洗单晶硅的方法

槽 编 号	溶液组成	作　用
1	100 g/L NaOH 溶液，80 ℃	清除表面油污，去除机械损伤层
2	纯水	清洗硅片表面残留 NaOH 溶液
3	20 g/L NaOH 和酒精混合溶液，80 ℃	在硅片表面形成类"金字塔状"绒面
4	纯水	清洗硅片表面残留溶液
5	40 g/L HF 溶液	清除硅片表面残留的 Na_2SiO_3 和 SiO_2 层
6	纯水	清洗硅片表面残留 HF 溶液
7	65 g/L HCl 溶液	清除硅片表面金属杂质
8	纯水	清洗硅片表面残留 HCl 溶液
9	纯水喷淋	充分洁净硅片表面

第 3 槽的作用是在硅片表面形成金字塔结构的绒面结构，减少太阳电池的表面反射率。即利用氢氧化钠溶液、乙二胺和磷苯二酚水溶液、乙醇氨水溶液等化学腐蚀剂对电池表面进行绒面处理。如果以（100）面作为电池的表面，经过这些腐蚀液的处理后，电池表面会出现（111）面形成正方锥。这些正方锥像丛山一样密布于电池的表面，肉眼看像丝绒一样，因此称为绒面，如图 3-11 所示。

图 3-11　太阳电池表面的绒面形貌

太阳电池制作绒面表面前后光的反射率如图 3-12 所示。

电池经过绒面处理后，增加了入射光投射到电池表面的机会，第一次没有被吸收的光被折射后投射到电池表面的另一晶面上时仍然可能被吸收。这样可使入射光的反射率减少到 10% 以内，进而提高了太阳电池的光生电流与转换效率。如果再镀上一层减反射膜，反射率还可以进一步降低。单晶硅和多晶硅九槽清洗机的一般工艺过程与工艺条件见表 3-3。

表 3-3　单晶硅和多晶硅九槽清洗机的一般工艺工程与工艺条件

槽编号	1	2	3	4	5	6	7	8	9
多晶硅	6	5	1	5	5	3	8	3	8
单晶硅	5	1	25	5	5	3	8	3	8

注：单晶硅制绒过程中，3 号槽须用盖子密封，减少乙醇的挥发。

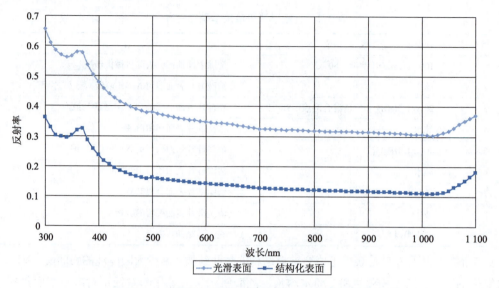

图 3-12　太阳电池制作绒面表面前后光的反射率

九槽清洗机槽内清洗液的酸和碱的质量浓度都要测定，使用滴定管测定其质量浓度。滴定管是滴定时准确测量溶液体积的容器，分酸式和碱式两种。酸式滴定管的下部带有磨口玻璃活塞，用于装酸性、氧化性、稀盐类溶液；碱式滴定管的下端用橡皮管连接一个带尖嘴的小玻璃管，橡皮管内有一玻璃球，以控制溶液的流出速度。

氢氧化钠碱溶液质量浓度的测定方法如下：

$$NaOH + HCl = NaCl + H_2O$$
$$40 : 36.5$$
$$\rho_{NaOH} V_{NaOH} : \rho_{HCl} V_{HCl}$$

可得

$$\frac{40}{36.5} = \frac{\rho_{NaOH} V_{NaOH}}{\rho_{HCl} V_{HCl}}$$

其中，ρ_{HCl} 已知，$V_{NaOH} = 10$ mL，通过测量可知 V_{HCl}，则未知的 NaOH 溶液质量浓度 ρ_{NaOH} 可以由计算得到。

$$\rho_{NaOH} = 0.11 \rho_{HCl} V_{HCl} \quad (g/L)$$

盐酸清洗液质量浓度的检测方法如下：

$$NaOH + HCl = NaCl + H_2O$$
$$40 : 36.5$$
$$\rho_{NaOH} V_{NaOH} : \rho_{HCl} V_{HCl}$$

可得

$$\frac{40}{36.5} = \frac{\rho_{NaOH} V_{NaOH}}{\rho_{HCl} V_{HCl}}$$

其中，ρ_{NaOH} 已知为 80 g/L，$V_{HCl} = 10$ mL，通过测量可知 V_{NaOH}，则未知的 HCl 溶液质量浓度 ρ_{HCl} 可以由计算得到。

$$\rho_{HCl} = 7.3 V_{NaOH} \quad (g/L)$$

氢氟酸清洗液质量浓度的检测方法如下：

$$NaOH + HF = NaF + H_2O$$
$$40 : 20$$
$$\rho_{NaOH} V_{NaOH} : \rho_{HF} V_{HF}$$

可得
$$\frac{40}{20} = \frac{\rho_{NaOH} \times V_{NaOH}}{\rho_{HF} \times V_{HF}}$$

其中，$\rho_{NaOH} = 80 \text{ g/L}$，$V_{HF} = 10 \text{ mL}$，$V_{NaOH}$ 通过测量可知，则未知的氢氟酸溶液质量浓度 ρ_{HF} 可以由计算得

$$\rho_{HF} = 4 \times V_{NaOH} \text{ (g/L)}$$

表 3-4 所示为清洗液的组成和更换要求。

表 3-4 清洗液的组成和更换要求

参数	1 号槽 氢氧化钠（NaOH）	5 号槽 氢氟酸	7 号槽 盐酸（HCl）	去除磷硅玻璃氢氟酸（HF）
标准质量浓度/（g/L）	300	40	65	21
允许范围/（g/L）	280~330	30~45	55~70	15~25
检测周期/h	8	8	8	8
更换频率	每清洗 15 000 片硅片，更换 3/4；整体更换：每周一次	每 30 000 片硅片，溶液整体更换	每清洗 30 000 片硅片，溶液整体更换	每清洗 30 000 片硅片，溶液整体更换

3.5.3 扩散制结

p-n 结是晶体硅太阳电池的核心部分。没有 p-n 结，便不能产生光电流也就不能称其为太阳电池。因此，p-n 结的制造是主要的工序。制结过程就是在一块基体材料上生成导电类型不同的扩散层。扩散的方法有多种：热扩散法、离子注入法、外延法、激光法和高频电注入法等。实际生产多采用热扩散法制结。此方法又有涂布源扩散、液态源扩散和固态源扩散法之分。目前，国内生产企业多采用液态源扩散法制结。图 3-13 所示为液态源扩散装置示意图。

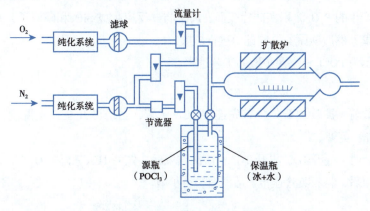

图 3-13 液态源扩散装置示意图

液态源磷扩散通常有如下三种方法：

① 三氯氧磷（$POCl_3$）液态源扩散。

② 喷涂磷酸水溶液后链式扩散。

③ 丝网印刷磷浆料后链式扩散。$POCl_3$ 液态源扩散方法具有生产效率较高，得到 p-n 结均匀、平整和扩散层表面良好等优点，这对于制作具有大面积结的太阳电池是非常重要的。

下面重点介绍大多数公司采用的三氯氧磷（$POCl_3$）液态源扩散法。

$POCl_3$ 是目前磷扩散用得较多的一种杂质源，它有以下特点：

① 无色透明液体，具有刺激性气味。如果纯度不高则呈红黄色。

② 相对密度为 1.67，熔点 2℃，沸点 107℃，在潮湿空气中发烟。

③ $POCl_3$ 很容易发生水解，$POCl_3$ 极易挥发。

$POCl_3$ 的扩散原理为

$$4POCl_3 + 3O_2 \rightarrow 2P_2O_5 + 6Cl_2 \uparrow$$

首先，$POCl_3$ 在高温下（>600℃）分解生成五氯化磷（PCl_5）和五氧化二磷（P_2O_5），其反应式如下：

$$5POCl_3 \xrightarrow{>600℃} 3PCl_5 + P_2O_5$$

然后，生成的 P_2O_5 在扩散温度下与硅反应，生成二氧化硅（SiO_2）和磷原子，其反应式如下：

$$2P_2O_5 + 5Si = 5SiO_2 + 4P \downarrow$$

由上面反应式可以看出，$POCl_3$ 热分解时，如果没有外来 O_2 参与其分解是不充分的，生成的 PCl_5 是不易分解的，并且对硅有腐蚀作用，破坏硅片的表面状态。但在有外来 O_2 存在的情况下，PCl_5 会进一步分解成 P_2O_5 并放出氯气（Cl_2）。

$$4PCl_5 + 5O_2 \xrightarrow{过量 O_2} 2P_2O_5 + 10Cl_2 \uparrow$$

生成的 P_2O_5 又进一步与硅作用，生成 SiO_2 和磷原子。由此可见，在磷扩散时，为了促使 $POCl_3$ 充分分解和避免 PCl_5 对硅片表面的腐蚀作用，必须在通氮气的同时通入一定流量的氧气。

在有氧气存在时，$POCl_3$ 热分解的反应式为

$$4POCl_3 + 3O_2 \rightarrow 2P_2O_5 + 6Cl_2 \uparrow$$

$POCl_3$ 分解产生的 P_2O_5 淀积在硅片表面，P_2O_5 与硅反应生成 SiO_2 和磷原子，并在硅片表面形成一层磷-硅玻璃，然后磷原子再向硅中进行扩散。

图 3-14 所示为 $POCl_3$ 液态源扩散的工艺过程。

1. 清洗

① 初次扩散前，扩散炉石英管首先连接 TCA 装置，当炉温升至设定温度，以设定流量通 TCA 60 min 清洗石英管。

② 清洗开始时，先开 O_2，再开 TCA；清洗结束后，先关 TCA，再关 O_2。

③ 清洗结束后，将石英管连接扩散源瓶，待扩散。

2. 饱和

① 每班生产前，须对石英管进行饱和。

② 炉温升至设定温度时，以设定流量通小 N_2（携源）和 O_2，使石英管饱和，20 min 后，关闭小 N_2 和 O_2。

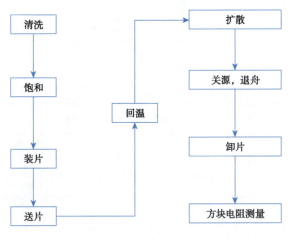

图 3-14　POCl₃ 液态源扩散的工艺过程

③ 初次扩散前或停产一段时间以后恢复生产时，需使石英管在 950 ℃通源饱和 1 h 以上。

3. 装片

① 戴好防护口罩和干净的塑料手套，将清洗甩干的硅片从传递窗口取出，放在洁净台上。

② 用 teflon 夹子依次将硅片从硅片盒中取出，插入石英舟。

4. 送片

用舟叉将装满硅片的石英舟放在碳化硅臂桨上，保证平稳，缓缓推入扩散炉。

5. 回温

打开 O_2，等待石英管升温至设定温度。

6. 扩散

打开小 N_2，以设定流量通小 N_2（携源）进行扩散。

7. 关源、退舟

① 扩散结束后，关闭小 N_2 和 O_2，将石英舟缓缓退至炉口，降温以后，用舟叉从臂桨上取下石英舟。并立即放上新的石英舟，进行下一轮扩散。

② 如没有待扩散的硅片，将臂桨推入扩散炉，尽量缩短臂桨暴露在空气中的时间。

POCl₃ 液态源扩散的工艺条件见表 3-5。

表 3-5　POCl₃ 液态源扩散的工艺条件

工艺条件	TCA 清洗	饱　和
炉温/℃	950	900
时间/min	30	30
大 N_2/(L/min)	无	18
小 N_2/(L/min)	0.3	2
O_2/(L/min)	10	2.5

磷扩散：表3-6和表3-7描述了磷扩散工艺条件。

表3-6 磷扩散的工艺温度条件

温度	STP103E	STP125E
炉温/℃	875	882
源温/℃	20	20

表3-7 磷扩散的其他工艺条件

操作状态	进炉	回温		磷扩散			出炉
STP103E/min	3	20		40			3
STP125E/min	3	25		40			3
流量/(L/min)	大 N_2	大 N_2, O_2		大 N_2, O_2, 小 N_2			大 N_2
STP103E/min	18	18	2.5	18	2.5	1.8	25
STP125E/min	18	18	2.5	18	2.5	1.8	25

在太阳电池扩散工艺中，扩散层薄层电阻是反映扩散层质量是否符合设计要求的重要工艺指标之一。对应于一对确定数值的结深和薄层电阻，扩散层的杂质分布是确定的。扩散层的薄层电阻又称方块电阻，即表面为正方形的半导体薄层在电流方向（电流方向平行于正方形的边）所呈现的电阻。目前生产中，测量扩散层薄层电阻广泛采用四探针法。测量装置示意图如图3.15所示。图中直线陈列四根金属探针（一般用钨丝腐蚀而成）排列在彼此相距为 s 的直线上，并且要求探针同时与样品表面接触良好，外面一对探针用来通电流、当有电流注入时，样品内部各点将产生电位，里面一对探针用来测量电位差。

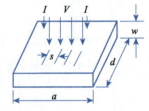

图3-15 四探针法测量硅太阳电池的薄层电阻

扩散方块电阻控制在 47 ~ 52 Ω/□（□表示方块电阻）。同一炉扩散方块电阻不均匀度 ≤ 20%，同一硅片扩散方块电阻不均匀度 ≤ 10%。

3.5.4 刻蚀周边

在扩散过程中，硅片的周边表面也有扩散层形成。如果不去除，周围这些扩散层会使电池上下电极形成短路环，必须将其除去。周边上存在任何微小的局部短路都会使电池并联电阻下降，使电池成为废品。去边的方法主要有腐蚀法、挤压法及等离子腐蚀法。目前企业生产大多数采用等离子体刻蚀法。等离子体刻蚀法是采用高频辉光放电反应，使反应气体激活成活性粒子，如原子或游离基，这些活性粒子扩散到需刻蚀的部位，在那里与被刻蚀材料进行反应，形成挥发性反应物而被去除。这种腐蚀方法又称干法腐蚀。等离子体刻蚀的反应过程为：

首先，母体分子 CF_4 在高能量电子的碰撞作用下分解成多种中性基团或离子。

$$CF_4 \xrightarrow{e} CF_3, CF_2, CF, F, C \text{ 以及它们的离子}$$

其次，这些活性粒子由于扩散或者在电场作用下到达 SiO_2 表面，并在表面上发生化学反应。生产过程中，在 CF_4 中掺入 O_2，这样有利于提高 Si 和 SiO_2 的刻蚀速率。

等离子体刻蚀的工艺过程为：

① 装片。在待刻蚀硅片的两边,分别放置一片与硅片同样大小的玻璃夹板,叠放整齐,用夹具夹紧,确保待刻蚀的硅片中间没有大的缝隙。将夹具平稳放入反应室的支架上,关好反应室的盖子。

② 工艺参数设置见表3-8。

表3-8 等离子体刻蚀的工艺参数设置

负载容量/片	工作气体流量/sccm①			气压/Pa	辉光功率/W	反射功率/W
	CF_4	O_2	N_2			
200	184	16	200	120	650~750	0
工作阶段时间/min					辉光颜色	
预抽	主抽	充气	辉光	充气	腔体内呈乳白色,腔壁处呈淡紫色	
0.2~0.4	2.5~4	2	10~14	2		

检验等离子体刻蚀效果的方法是冷热探针法。图3-16所示为冷热探针法测试半导体的导电类型。

冷热探针法检验导电类型的原理和方法是:如图3-16所示,热探针和n型半导体接触时,传导电子将流向温度较低的区域,使得热探针处电子缺少,因而其电势相对于同一材料上的室温触点而言将是正的。同样道理,p型半导体热探针触点相对于室温触点而言将是负的。此电势差可以用简单的微伏表测量。热探针的结构可以是将小的热线圈绕在一个探针的周围,也可以用小型的电烙铁。

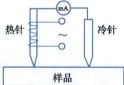

图3-16 冷热探针法测试半导体的导电类型

① 确认万用表工作正常,量程置于200 mV。

② 冷探针连接电压表的正电极,热探针与电压表的负极相连。

③ 用冷、热探针接触硅片一个边沿不相连的两个点,电压表显示这两点间的电压为负值,说明导电类型为p,刻蚀合格。相同的方法检测另外三个边沿的导电类型是否为p型。

④ 如果经过检验,任何一个边沿没有刻蚀合格,则这一批硅片需要重新装片,进行刻蚀。

3.5.5 去除背结

在扩散过程中,硅片的背面和侧面也形成了p-n结,所以在制作电极之前,需要去除背结。

去除背结的常用方法,主要有化学腐蚀法、磨片法和蒸铝或丝网印刷铝浆烧结法等。现在企业大多数都采用适合大规模自动化生产的丝网印刷铝浆烧结法。该方法仅适用于n^+/p型硅电池制造工艺。

该方法是在扩散硅片背面真空蒸镀或丝网印刷一层铝,加热或烧结到铝-硅共熔点(577℃)以上烧结合金,如图3-17所示。经过合金化以后,随着降温,液相中的硅将重新凝固出来,形成含有一定量铝的再结晶层。实际上是一个对硅掺杂的过程。它补偿了背面n^+层中的施主杂质,得到以铝掺杂的p型层,由硅-铝二元相图可知随着合金温度的上升,液相中铝的比率增加。在足够的铝量和合金温度下,背面甚至能形成与前结方向相同的电场,称为背面场,目前该工艺已

---

① sccm是体积流量单位。气体体积流量是指单位时间输送管道中流过的气体体积。

被用于大批量的生产工艺。提高了电池的开路电压和短路电流,并减小了电极的接触电阻。

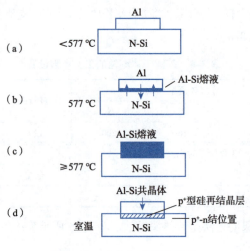

图 3-17 硅合金过程示意图

背结能否烧穿与下列因素有关,基体材料的电阻率、背面扩散层的掺杂金属杂质浓度和厚度、背面蒸镀或印刷铝层的厚度、烧结的温度、时间和气氛等因素。

3.5.6 制作上、下电极

为输出电池转换所获得的电能,必须在电池上制作正负两个电极。所谓电极就是与电池 p-n 结形成紧密欧姆接触的导电材料。通常对电极的要求有:①接触电阻小;②收集效率高;③能与硅形成牢固的接触;④稳定性好;⑤易于引线,可焊性强;⑥污染小。制作方法主要有真空蒸镀法、化学镀镍法、银铝浆印刷烧结法等。所用金属材料主要有铝、钛、银、镍等。习惯上,把制作在太阳电池光照面的电极称为上电极,把制作在电池背面的电极称为下电极或者背电极。上电极通常制成窄的栅状线,这有利于对光生电流的收集,并使电池有较大的受光面积。下电极则布满全部或者绝大部分电池的背面,以减小电池的串联电阻。n^+/p 型硅电池上电极是负极,下电极是正极;p^+/n 型太阳电池上电极是正极,下电极是负极。

铝浆印刷烧结法是目前晶体硅太阳电池商品化生产大量采用的方法。真空蒸镀是过去常用工艺,其工艺为:把硅片置于真空镀机的钟罩内,当真空抽到足够高的真空度时,便凝结成一层铝薄膜,其厚度控制在 30~100 nm;然后,在铝薄膜上蒸镀一层银,其厚度为 2~5 μm;为便于电池的组合装配,电极上还需钎焊一层铅-锡-铝-银合金焊料;此外,为得到栅线状的上电极,在蒸镀铝和银时,硅表面需放置一定形状的金属掩膜。上电极栅线密度一般为 2~4 条/cm,多的可达 10~19 条/cm,最多可达 60 条/cm。

用丝网印刷技术制作上电极,既可以降低成本,又便于自动化连续生产。所谓丝网印刷,是用涤纶薄膜等制成所需电极图形的掩膜,贴在丝网上,然后套在硅片上,用银浆、铝浆印刷出所需电极的图形,经过在真空和保护气氛中烧结,形成牢固的接触电极。

金属电极与硅基体黏结的牢固程度,是显示太阳电池性能的主要参数指标。电极脱落往往是太阳电池失效的重要原因,在电极的制作上应十分注意黏结的牢固性。图 3-18 所示为丝网印刷太阳电池电极。

图 3-18　丝网印刷太阳电池电极

3.5.7　蒸镀减反射膜

光在硅表面的反射率高达 35%。为减少硅表面对光的反射，可采用真空镀膜法、气相生长法或者其他化学方法在已经制好的电池正面蒸镀上一层或者多层二氧化硅或者二氧化钛或者五氧化二铌或者氮化硅减反射膜。镀减反射膜的作用有两个：①具有减少光反射的作用；②对电池表面起到钝化和保护作用。减反射膜具有卓越的抗氧化和绝缘性能，同时具有良好的阻挡钠离子、掩蔽金属和水蒸气扩散的能力；它的化学稳定性也很好，除氢氟酸和热磷酸能缓慢腐蚀外，其他酸与它基本不起作用。对减反射膜的要求是，膜对反射光波长范围内的吸收率要小，膜的物理和化学稳定性要好，膜层与硅能形成牢固的黏结，膜对潮湿空气及酸碱气氛有一定的抵抗能力，并且制作工艺简单、价格低廉。它可以提高太阳电池的光能利用率，增加电池的电能输出。现代大多数公司均采用等离子体化学气相沉积（PECVD）方法镀氮化硅减反射膜。PECVD 的全称是 plasma enhance chemical vapour deposition，等离子增强化学气相沉积。通常在太阳电池表面沉积深蓝色减反射膜——氮化硅膜。图 3-19 所示为镀氮化硅减反射膜前后效果。

图 3-19　镀氮化硅减反射膜前后效果

镀减反射膜的作用首先是减少光的反射，它的原理是光照在膜前表面的反射光能与照射在膜后表面的光在一定条件下发生干涉叠加进而消弱两部分反射光，如图 3-20 所示。

图 3-20 左侧所示为四分之一波长减反射膜的原理。从第二个界面返回到第一个界面的反射光与从第一个界面的反射光相位相差 180°，所以前者在一定程度上抵消了后者，即 $n_1 \cdot d_1 = \lambda/4$。氮化硅减反射膜的最佳折射率 n_1 为 1.9 或 2.3。实验表明：镀上一层减反射膜可以将入射光的反射

率减少到 10% 左右,而镀上两层则可以将反射率减少到 4% 以下,对比效果如图 3-21 所示。

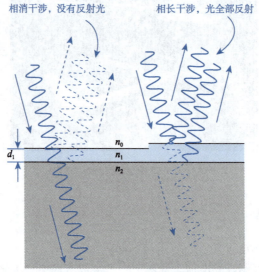

图 3-20 相消干涉与相长干涉

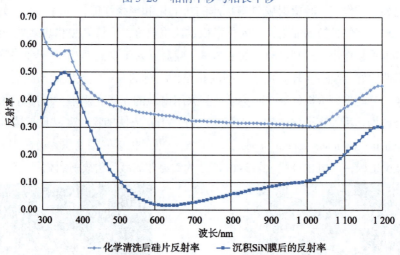

图 3-21 镀减反射膜前后光的反射率对比

PECVD 工作过程为:把一定比例的硅烷(SiH_4)和氨气(NH_3)的混合气体充入 PECVD 反应室。它们在一定条件下发生反应为

$$3SiH_4 \xrightarrow[350\ ℃]{等离子体} SiH_3^- + SiH_2^{2-} + SiH^{3-} + 6H^+$$

$$2NH_3 \xrightarrow[350\ ℃]{等离子体} NH_2^- + NH^{2-} + 3H^+$$

反应生成的等离子体组分遇到硅片就会在其表面沉积一层氮化硅薄膜。总的反应可以归结为

$$3SiH_4 + 4NH_3 \xrightarrow[350\ ℃]{等离子体} Si_3N_4 + 12H_2 \uparrow$$

PECVD 的设备如图 3-22 所示。

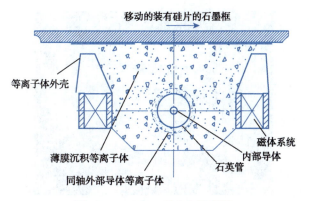

图 3-22　PECVD 反应室示意图

生产过程中所用到的无水氨气是一种刺激性、无色、可燃的存储于钢瓶中的液化压缩气体。其存储压力为其蒸汽压 14psig[①]（70 ℉）。氨气会严重灼伤眼、皮肤及呼吸道，当它在空气中的浓度超过 15% 时有立即造成火灾及爆炸的危险，因此进入这样的区域前必须排空。进入浓度超过暴露极限的区域要佩戴自给式呼吸器。大规模泄露时需要全身防护服，并应随时意识到潜在的火灾和爆炸危险。暴露在氨气中会对眼睛造成中度到重度的刺激。氨气强烈地刺激鼻子、喉咙和肺。症状包括灼伤感、咳嗽、喘息加重、气短、头痛及恶心。过度暴露会影响中枢神经系统并会造成痉挛和失去知觉。上呼吸道易受伤害并导致气管炎。声带在高浓度下特别容易受到腐蚀，下呼吸道伤害会造成水肿和出血，暴露在千分之五浓度下 5 min 会造成死亡。

生产过程中所用到的硅烷是一种无色、与空气反应并会引起窒息的气体。该气体通常与空气接触会引起燃烧并放出很浓的白色无定型二氧化硅烟雾。它对健康的首要危害是它自燃的火焰会引起严重的热灼伤。如果严重甚至会致命。如果火焰或高温作用在硅烷钢瓶的某一部分会使钢瓶在安全阀启动之前爆炸，如果泄放硅烷时压力过高或速度过快，会引起滞后性的爆炸。泄漏的硅烷如没有自燃会非常危险，不要靠近，不要试图在切断气源之前灭火。

硅烷会刺激眼睛，硅烷分解产生的无定型二氧化硅颗粒会引起眼睛刺激。吸入高浓度的硅烷会引起头痛、恶心、头晕并刺激上呼吸道。硅烷会刺激呼吸系统及黏膜。过度吸入硅烷会引起肺炎和肾病。硅烷会刺激皮肤、硅烷分解产生无定型二氧化硅颗粒会引起皮肤刺激。

3.5.8　检验测试

经过上述工艺制得的电池，在作为成品电池入库之前，需要进行测试，以检验其质量是否合格。在生产中主要测试的是电池的伏安特性曲线，曲线上可以读出电池的短路电流、开路电压、最大输出功率以及串联电阻等电池参数。现在工厂一般都有自动化的测试分检系统。图 3-23 所示为太阳电池片自动化分类检测系统。

更高效率的 PERC 太阳电池、TOPCon 太阳电池以及 HIT 太阳电池都是在上述传统背面场丝网印刷电极的制造工艺基础上改装而成。随着技术的发展与进步，高效率晶体硅太阳电池、柔性晶体硅太阳电池都有可能成为太阳电池制造业的主流技术。

---

① psig 是英制压力单位，即压力表显示的数值，是相对压力。

图3-23 太阳电池片自动化分类检测系统

3.6 光伏组件的封装

单体太阳电池的输出电压、电流和功率都很小,一般来说,输出电压只有 0.5~0.65 V,输出功率视单体面积和效率而定,一般只有几瓦,不能满足作为电源应用的要求。为提高输出功率,需将多个单体太阳电池片合理地连接起来,并封装成组件。在需要更大功率的场合,则需要将多个组件连接成方阵,以向负载提供数值更大的电流、电压输出。太阳电池的单体、组件、方阵,如图3-24所示。

(a)太阳电池单体

(b)太阳电池组件(2个)

(c)太阳电池单方阵

图3-24 太阳电池单体、组件与太阳电池方阵

为保证组件在室外条件下使用 20~25 年,必须具有良好的封装,以满足使用中对防风、防尘、防潮、防腐蚀等条件的要求。研究表明,电池的失效,问题往往出在组件的封装上,例如,由于封装材料与电池分离,使光接触变坏,因而电池效率下降;由于封装不好,造成组件进入湿气;由于连接单体电池之间的导电带焊接工艺不当,造成焊接不牢或者助焊剂变色等。所以组件封装是整个太阳电池生产的重要工艺,其成本约占总成本的 1/3。对地面用硅光伏组件的一般要求为:①工作寿命长,应在 20~25 年;②良好的封装和电绝缘性能;③足够的机械强度,能经受运输和使用中发生的振动、冲击和热应力;④紫外线辐照下稳定性好;⑤因组合引起的效率损失小;⑥可靠性高,单体电池及互连条失效率小;⑦封装成本低。

1. 组件单体电池的连接方式

将单体电池连接起来的方式包括串联和并联,以及同时采用的串并混合连接方式。每个组件一般串联 36 片全片太阳电池再并联,或者先串联 36 片半片太阳电池然后把 2 个 36 片串联组再并联起来,后者称为 72 片半片光伏组件。

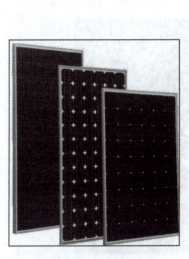
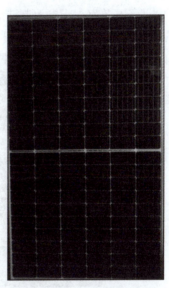

(a) 普通全片电池组件　　　　　　(b) 半片电池组件

图 3-25　全片电池组件与半片电池组件

2. 组件的封装结构

常见的封装结构有玻璃壳体式、底盒式、平板式、全胶密封式等多种。实际的光伏组件,一般还要装上边框线和接线盒等。目前企业实际多采用平板式光伏组件封装。

3. 组件封装材料

光伏组件工作寿命长短与封装材料和封装工艺有很大关系。封装材料的寿命是决定组件寿命的重要因素。

(1) 上盖板

覆盖在电池的正面,构成组件的最外层,它要求透光率要高,又要坚固、耐风霜雨雪、能经受得住沙砾冰雹的撞击,起到长期保护电池的作用。目前在商品化生产中低铁钢化白玻璃是普遍使用的上盖板材料。

(2) 黏结剂

它是固定电池和保证上下盖板密合的关键材料。对它的要求有：①在可见光范围内具有高透光性，并抗紫外线老化；②具有一定的弹性，可以缓冲不同材料间的热胀冷缩；③具有良好的电绝缘性能和化学稳定性，不产生有害电池的气体和液体；④具有优良的气密性，能阻止外界湿气和其他有害气体对电池的侵蚀；⑤适用于自动化的组件封装。主要有室温固化硅橡胶、聚氟乙烯（PVF）、聚乙烯醇缩丁醛（PVB）、乙烯聚醋酸乙烯酯（EVA）。目前企业生产大多使用EVA。

(3) 下底板

下底板对电池既具有保护作用又有支撑作用。对下底板的一般要求：①具有良好的耐气候性能，能隔绝从背面进来的潮气和其他有害气体；②在层压温度下不起任何变形；③与黏结剂结合牢固。一般所用材料为玻璃、铝合金、有机玻璃以及PVF复合膜等。目前企业生产大多采用PVF、TPT复合膜。

随着技术的进步，高效率太阳电池制造成为前后两面都能发电的电池，与之对应下底板就必须使用透明的钢化玻璃，这样的光伏组件称为双玻双面组件，如图3-26所示。

图3-26 双玻双面光伏组件

(4) 边框

平板式组件应有边框，以保护组件和便于组件与方阵支架的连接固定。边框与黏结剂构成对组件边缘的密封。边框材料主要有不锈钢、铝合金、橡胶以及塑料等。

4. 组件封装的工艺流程

不同结构的组件有不同的封装工艺。平板式硅光伏组件的封装工艺流程如图3-27所示。

光伏组件的封装流程包括4个主要工艺过程：太阳电池的焊接、太阳电池串的排列、太阳电池的层叠、太阳电池层压。当然也包括玻璃清洗、测试分类检验、装边框、接线盒等过程。

(1) 太阳电池的焊接

太阳电池的焊接过程即为将单个电池片组成电池串的过程，焊接直接关系到电池电性能的稳定，是组件制造的一个重要工艺过程，如图3-28所示。

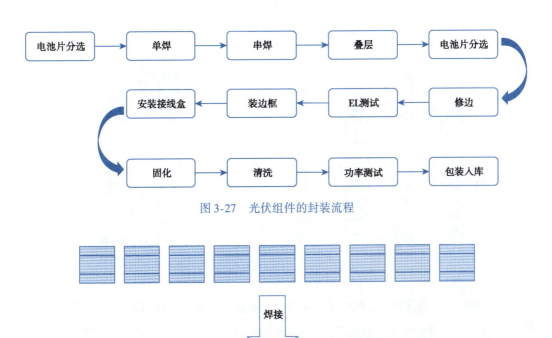

图 3-27 光伏组件的封装流程

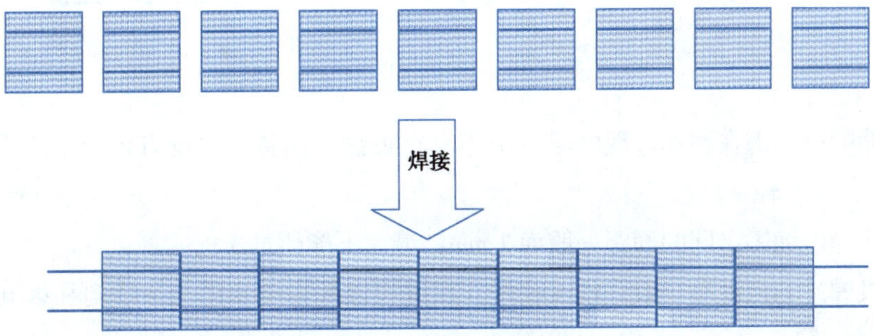

图 3-28 太阳电池的焊接

焊接的工艺要求为：

① 焊接温度在 250~300 ℃之间。
② 焊点要求平滑、无毛刺。
③ 焊接牢固、可靠、无漏焊、虚焊现象。
④ 焊带要求和电池表面栅极重合。

焊接工艺既可以采用手工焊接又可以采用光焊机焊接。其中手工焊接要注意的事项如下：

① 在进行手工焊接时，注意电池片的排列（整体排片后组件要美观）。
② 手工焊接时先焊接电池背面的栅线，待背面焊接完成后再进行电池串的排列焊接。
③ 手工焊接在电池串完成后要检查焊接效果，防止正面焊好后背面出现虚焊现象。
④ 光焊机焊接完成后要检查电池串是否有漏焊、虚焊问题。
⑤ 出现虚焊现象将该电池串取出，由手工焊接人员进行补焊。
⑥ 焊接过程中如出现焊锡明显少，可适量使用焊锡丝。

(2) 太阳电池的排列

太阳电池的排列即为将电池串用汇流条连接起来以便于将来进行层叠的过程，如图 3-29 所示。

排列工艺的要求如下：

① 对于手工焊接的电池串（小型组件的电池串），在移动过程中要注意移动可能带来的电池片的脱焊，拿起放下时最好将中间托住。

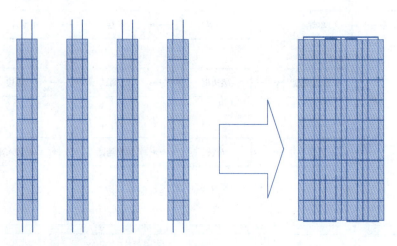

图 3-29 太阳电池的排列

② 大组件的电池串在移动过程中尽量采用真空吸盘，倘若手边没有该型号的吸盘，在移动过程中要小心，注意轻拿轻放。

③ 电池串与电池串之间的间距一般为 2 mm，最大不能超过 3 mm。

④ 光焊机焊接的电池串一般一致性较好，在排列过程中要求电池片横向和纵向的间距在一条直线上。

⑤ 手工焊接的电池串如果出现长短不一，则以电池串方向的中心为准，对电池串进行排列。

⑥ 排列好进行汇流条的焊接时要求焊接牢固，汇流条与电池片的间距一致。

⑦ 汇流条引出端的折弯要求采用折弯夹具进行。

排列工艺的注意事项如下：

① 对于手工焊接的电池串（小型组件的电池串），在能够将电池片凑成整片的情况下尽量将其凑成整片排列（这样做成的组件更美观）。

② 小型组件的电池串在排列完成后可按照实际情况用透明胶带对其进行固定。

③ 在汇流条焊接完成后检查是否会有剪下的互连条留在电池片背部，如有这种现象及时清除。

④ 如在层叠台上进行汇流条的焊接，在排列好电池串后将真空吸盘压下后进行焊接。

(3) 太阳电池的层叠

太阳电池的层叠是将电池组和钢化玻璃、EVA、TPT 叠在一起的过程。层叠过程将直接影响组件的外观质量，层叠后要做细致的检查，如图 3-30 所示。

层叠的工艺要求如下：

① 钢化玻璃置于层叠台的移动滑板上，要求位置摆放正确。

② 在钢化玻璃上垫的 EVA 要求超过玻璃边缘至少 5 mm。

③ EVA 在玻璃上要求铺垫平整，无明显褶皱。

④ 在使用层叠台移动电池片至 EVA 上后检查电池组是否在要求位置上（一般无汇流条的电池片距离玻璃边缘为 10 mm，有汇流条的边汇流条距离玻璃边缘为 10 mm）。

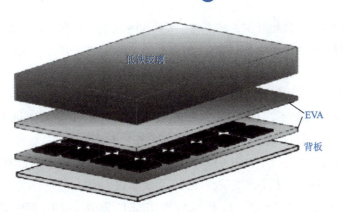

图 3-30 太阳电池层叠

层叠的注意事项如下：

① 在移动层叠台滑板的过程中注意启动和停止过程要动作轻缓，剧烈的加速或者撞击都可能带来钢化玻璃位置的偏移。

② 钢化玻璃为进口玻璃时，放置玻璃时注意将玻璃的毛面对着 EVA 放置。

③ 当钢化玻璃为国产平板玻璃且组件面积又较大时注意将玻璃的凹面向上。

④ 在层叠台移动电池组的过程中注意不要碰真空按钮。

⑤ 层叠完成后要检查这几层之间是否有杂质。

⑥ 在贴透明胶带时注意，不要将透明胶带隔着玻璃纤维和 EVA 放置，这样会导致层压后出现胶带的印子。

⑦ 如在层叠过程中需要用到焊接的，一定注意要用环氧板隔着焊点和 EVA。

（4）电池的层压

太阳电池的层压过程是将层叠件在 145 ℃ 下将 EVA 熔融后固化的过程。层压过程是组件生产过程中的特殊工艺过程，它对组件产品的质量起关键性的影响。图 3-31 所示为太阳电池的层压。

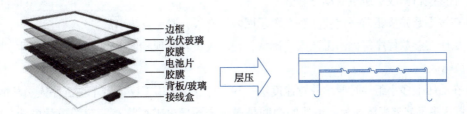

图 3-31 太阳电池的层压

层压过程只能用层压机设备。层压机设备的操作过程如下：

① 开配电箱中层压机电源开关，检查控制面板上 POWER 灯亮。

② 开气阀，检查真空为 0.5 MPa。

③ 旋控制柜正面上的主电源开关至 ON 位，在控制面板上旋 MAIN POWER 开关至 ON 位，此时 MAIN POWER 灯应亮。

④ 按下 HEATER ON 按钮开关，点亮。

⑤ 按下 VACUUM ON 按钮开关，其点亮，大约 30 min 后层压机正常工作。

⑥ 检查控制面板上触摸屏中 HEATING-STAGE TEMP 项，3 个区域内当前（CUTTENT）温度都达到预设值（PRESET）后才可以正常工作（3 个区都要达到）。

⑦ 戴好隔热手套，在层压机加热台面上铺放好一层玻璃纤维纸，将 S/D PIN ON 按下，确认 S/D 针处于 ON 位置（如果不在 ON 位置，按 READY，双手按下开始按钮将 S/D 针顶起），将叠好的组件平稳地放到玻璃纤维纸上，在组件上放好报纸，然后盖好另一张玻璃纤维纸。

⑧ 选中控制面板上触摸屏中 MODULE-SELECT 项按下进入，选中规定的层压方式，返回主屏（选按 SELECT MODE），若不改变层压方式，可省略该步骤。

⑨ 选按 ALARM 进入警报界面，按下 ALARM RESET，确认 FAULT 栏中清空，返回主屏。

⑩ 按 S/D PIN ON，ON 条应亮显，然后按 READY，再双手同时按下两个开始按钮（控制面板下端左右两个大的黑色按钮），升上 S/D 针，确认屏幕左上方 READY 指示灯是否点亮，双手按下两个开始按钮，至 READY 指示灯亮。过程中若有报警显示 ALARM 灯亮，清除警报后继续进行后续操作。

⑪ 依次按亮 AUTO 和 RUN/ON，确认 ALARM 指示灯不亮，并确认层压机周围警示区内无人，然后同时按下两个开始按钮，直至层压机完全关闭、真空泵启动工作、工作流程表显示出现后才可以松开双手。

⑫ 层压过程中如无特殊情况不需要人工干预，层压结束后盖子会自动开启，然后戴好防护手套将压好的组件取出，放入新的组件。

⑬ 关机操作：依次按 VACUUM OFF、HEATER OFF，旋面板上 MAIN POWER 开关至 OFF 位，旋正面电源开关至 OFF 位，关压缩空气。

⑭ 在操作过程中如听到异常声音（如金属撞击声），应立即按下主控制面板或者机器周围的红色紧急按钮，通知相关技术人员检查维修。

层压及设备工作过程有一定的危险性。层压过程中的注意事项如下：

① 层压前注意检查层叠的质量，尤其注意是否在组件中混有杂质。

② 不得擅自修改层压机的动作参数。

③ 在按下开始按钮前一定要注意在警示圈内没有人，避免发生事故。

④ 层压的参数程序每天由工艺人员确认，现场人员若发现相同 EVA 不同程序产生，及时找工艺人员确认。

⑤ 在层压很多小组件时要求放置速度快一些，可以请上道工序或者下道工序人员帮忙。

可将这些工艺流程概述为：组件的中间是通过金属导电带焊接在一起的单体电池，电池上下两侧均为 EVA 膜，最上面是低铁钢化白玻璃，背面是 TPT 复合膜。将各层材料按顺序叠好后，放入真空层压机内进行热压封装。最上面的玻璃为低铁钢化白玻璃，透光率高，而且经紫外线长期照射后也不会变色。EVA 膜中加有抗紫外剂和固化剂，在热压处理过程中固化形成具有一定弹性的保护层，并保证电池与钢化玻璃紧密接触。TPT 复合膜具有良好的耐光、防潮、防腐蚀性能。经层压后，再于四周加上密封条，装上经过阳极氧化的铝合金边框以及接线盒，即成为成品组件。最后，要对成品组件进行检验测试，测试内容主要包括开路电压、短路电流、填充因子以及最大输出功率等。

3.7 光伏发电系统

通过太阳电池将太阳能转换为电能的发电系统称为太阳电池发电系统。太阳能光伏发电目前工程上广泛使用的光电转换器件是晶体硅太阳电池,其生产工艺技术成熟,已进入大规模产业化生产,广泛应用于工农科教卫国防和人民生活的各个领域。预计 21 世纪中叶,太阳能光伏发电将发展为重要的发电方式,在世界可持续能源中占有一定的比例。

地面太阳能光伏发电的运行方式,主要分为离网运行和并网运行两大类。未与公共电网相连接的太阳能光伏发电系统称为离网型太阳能光伏发电系统,又称独立太阳能光伏发电系统,主要应用于远离公共电网的无电地区和一些特殊场所,如为公共电网难以覆盖的边远偏僻农村、牧区、海岛、高原、荒漠的农牧民提供照明、看电视、听广播等基本生活用电,为通信中继站、沿海与内河航标、输油输气管道阴极保护、气象台站、公路道班以及边防哨所等特殊场所提供电源。而与公共电网相连接的太阳能光伏发电系统称为并网太阳能光伏发电系统,它是太阳能光伏发电进入大规模商业发电阶段、成为电力工业组成部分之一的重要方向,是当今世界太阳能光伏发电技术发展的主流趋势。特别是其中的光伏电池与建筑相结合的并网型屋顶分布式太阳能光伏发电系统,是众多发达国家竞相发展的热点,发展迅速,市场广阔。

3.7.1 离网型太阳能光伏发电系统

离网型太阳能光伏发电系统根据用电负载的特点,可以分为直流系统、交流系统和交直流混合系统等几种。其主要区别是系统中是否带逆变器。一般说来,离网型太阳能光伏发电系统主要由太阳电池方阵、控制器、蓄电池组、直流/交流逆变器等部分组成。离网型太阳能光伏发电系统的组成如图 3-32 所示。

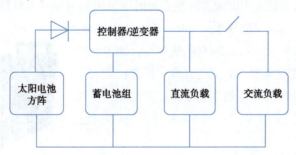

图 3-32 离网型太阳能光伏发电系统组成

(1) 太阳电池方阵

太阳电池单体是光电转换的最小单元,尺寸一般为 2 cm × 2 cm ~ 21 cm × 21 cm 不等。太阳电池单体的工作电压为 0.45 ~ 0.5 V,工作电流为 30 ~ 40 mA/cm^2,一般不能单独作为电源使用。将太阳电池单体进行串并联并封装后,就成为光伏组件,其功率一般为几瓦至几十瓦、百余瓦,是可以单独作为电源使用的最小单元。光伏组件再经过串并联后安装在支架上,就构成了太阳电池方阵,可以满足负载所要求的输出功率。图 3-33 所示为上海电力学院太阳房的电池单体片、组件和方阵。

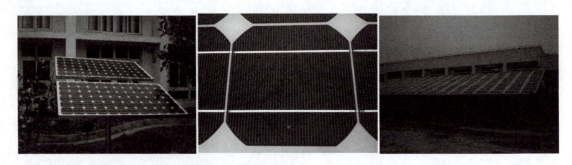

图 3-33　太阳电池单体、组件和方阵

一个太阳电池单体只能产生约 0.5 V 电压，远低于实际使用所需要的电压。为满足实际应用的需要，需把太阳电池连接成组件。光伏组件包含一定数量的太阳电池单体，这些单体通过导线相连接。一个组件上太阳电池单体的数量是 36 个或者 72 个，这意味着一个光伏组件大约产生 16 V 电压，正好为一个额定电压为 12 V 的蓄电池进行有效充电。

通过导线连接的太阳电池被密封成的物理单元称为光伏组件，具有一定的防腐、防风、防雹、防雨、防尘等能力，广泛应用于各个领域和系统。当应用领域需要较高的电压和电流而单个组件不能满足要求时，可把多个组件连接成太阳电池方阵，以获得所需要的电压和电流。

（2）防反充二极管

防反充二极管又称阻塞二极管。其作用是避免由于太阳电池方阵在阴雨天或者夜晚不发电时或者出现短路故障时，蓄电池组通过太阳电池方阵放电。它串联在太阳电池方阵电路中，起单向导通作用。要求其能够承受足够大的电流，而且正向电压降要小，反向饱和电流要小。一般用合适的整流二极管即可。

（3）蓄电池组

蓄电池组的作用是存储太阳电池方阵受光照时所发出的电能并可以随时向负载供电。太阳电池发电系统对所用蓄电池组的基本要求是：①自放电率低；②使用寿命长；③深放电能力强；④充电效率高；⑤少维护或免维护；⑥工作温度范围宽；⑦价格低廉。目前我国与太阳电池发电系统配套使用的蓄电池主要是铅酸蓄电池与磷酸铁锂电池。图 3-34 所示为 12 V、100 A·h 密封铅酸蓄电池。

（4）控制器

控制器是光伏发电系统的核心部件之一。光伏电站的控制器一般具备如下功能：①信号检测；②蓄电池的最优化充电控制；③蓄电池放电管理；④设备保护；⑤故障定位；⑥运行状态指示。

图 3-34　太阳电池用铅酸蓄电池

光伏发电系统在控制器的管理下运行。控制器可以采用多种技术方式实现其控制功能。比较常见的有逻辑控制和计算机控制两种方式。智能控制器多采用计算机控制方式。

（5）逆变器

逆变器是将直流电转换成交流电的设备。由于多数电器负载是交流负载，而太阳电池发的电是直流电，所以此时必须通过逆变器将直流电变换成交流电再加到交流负载上。对逆变器的基本要求是：①能输出一个电压稳定的交流电；②能输出一个频率稳定的交流电；③输出的电压和频率可以调节；④具有一定的过载能力；⑤能输出电压波形含谐波成分应尽量少；⑥具有短路、过载、过热、过电压、欠电压等保护功能；⑦启动平稳，启动电流小，运行稳定可靠；⑧换流损失小，逆变效率高，一般在85%以上；⑨具有快速的动态响应。逆变器按照运行方式，可以分为独立运行逆变器和并网逆变器。独立运行逆变器应用于独立运行的太阳发电系统，为独立负载供电。并网逆变器用于并网运行的太阳电池发电系统，将发出的电能馈入电网。逆变器按输出的波形又可分为方波逆变器和正弦波逆变器。方波逆变器电路简单，造价低，但是谐波分量大，一般应用几百瓦以下和对谐波要求不高的系统。正弦波逆变器，成本高，但是可以适用于各种负载。从长远里看，正弦波逆变器将成为发展主流。图3-35所示为太阳电池专用逆变器。

图3-35 太阳电池逆变器

（6）监测系统

对于小型太阳电池发电系统，只要求进行简单的测量，如蓄电池电压和充放电电流，测量所用的电压表和电流表一般安装在控制器上。对于太阳通信电源系统、管道阴极保护系统等工业电源系统和中大型太阳能光伏电站，往往对更多参数进行测量，如太阳辐射、环境温度、充放电量等，有时甚至要求远程数据传输、数据打印和遥控功能，这就要求为太阳电池发电系统配备数据采集系统和监控系统。

3.7.2 并网型太阳能光伏发电系统

并网太阳能光伏系统可分为集中式大型并网光伏系统和分布式并网光伏系统两大类型。前者由于投资巨大、建设周期长，并且占用大片土地，同时其发电成本比市电贵数倍，因而发展不快。但是自2006年以来由于光伏组件的成本大幅下降，大型太阳能发电站发展迅速，又呈现出蓬勃发展的势头。分布式并网光伏系统，特别是与建筑相结合的住宅屋顶并网光伏系统，由于许多优越性，建设容易，投资不大，许多国家又相继出台了一些激励政策，因而在各发达国家备受青睐，发展迅速，成为主流。本书重点介绍分布式光伏发电系统。

分布式并网光伏系统的主要特点是所发的电能直接分配到住宅的用电负载上，多余或者不足的电力通过连接的公共电网进行调节。根据分布式并网光伏系统是否允许通过供电区变压器向主电网馈电，可分为可逆流和不可逆流联网光伏发电系统。可逆流系统，是在光伏系统产生剩余电力时将该电能送入公共电网，由于是同公共电网的供电方向相反，所以称为逆流；当光伏系统电力不够时，则由公共电网供电（见图3-36）。这种系统一般是为光伏系统的发电能力大于负载或者发电时间同负载用电时间不相匹配而设计的。住宅系统由于输出的电量受天气和季节的制约，而用电又有时间的区分，为保证电力平衡，一般设计成可逆流系统。不可逆流系统则是指光伏系统的发电量始终小于或等于负荷的用电量，电量不够时由公共电网提供，即光伏系统与公共电网形成并联向负载供电。这种系统，即使当光伏系统由于某种原因产生剩余电能，也只能通过某种手段加以处理或者放弃。由于不会出现光伏系统向公共电网输电的情况，所以称为不可逆流系统，如图 3-37 所示。

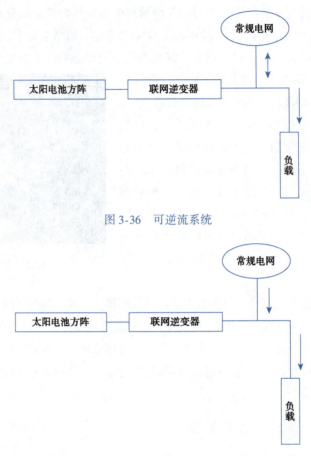

图 3-36　可逆流系统

图 3-37　不可逆流系统

住宅系统又可分为家庭系统和小区系统。家庭系统，装机容量较小，一般为 1～5 kW，为自家供电，由自家管理，独立计量电量。小区系统，装机容量较大些，一般为 50～300 kW，为一个小区或者一栋建筑物供电，统一管理，集中分表计量电量。

根据联网光伏系统是否配备储能装置，分为有储能装置和无储能装置联网光伏系统。配置少量蓄电池的系统称为有储能装置。不配备蓄电池的系统，称为无储能系统。有储能系统主动性较强，当出现电网限电、掉电、停电等情况时仍可以正常供电。

住宅联网光伏系统通常是白天光伏系统发电量大而负载耗电量小，晚上光伏系统不发电而负载耗电量大。将光伏系统与公共电网相连，就可以将光伏系统白天所发的多余的电力"存储"到电网中，待用电时随时取用，省掉了储能蓄电池。其工作原理是：太阳电池方阵在太阳光的辐照下发出直流电，经逆变器转换成交流电，供用电器使用；系统同时又与公共电网相连，白天将太阳电池方阵发出的多余电能经联网逆变器逆变为符合所接公共电网电能质量要求的交流电馈入公共电网，在晚上或者阴雨天发电量不足时，由公共电网向住宅供电。住宅联网系统所带负载的电压，在我国一般为单相 220 V 和三相 380 V，所接入的电网为低压商用电网。

典型住宅联网光伏系统主要由太阳电池方阵、联网逆变器和控制器三大部分组成，如图3-38所示。

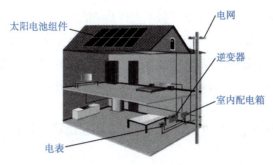

图3-38 分布式并网光伏系统

1. 太阳电池方阵

太阳电池方阵是分布式并网光伏系统的主要部件，由其将接收到的太阳光能直接转换为电能。目前工程上应用的太阳电池方阵多为由一定数量的晶体硅光伏组件按照联网逆变器输入电压的要求串联、并联后固定在支架上组成。分布式并网光伏系统的光伏方阵一般都用支架安装在建筑物的屋顶上，如能在住宅或者建筑物建设时就考虑方阵的安装朝向和倾斜角度等要求，并预先埋好地脚螺栓等固定元件，则光伏方阵安装时将方便和快捷。

分布式并网光伏系统器件的突出特点和优点是与建筑相结合，目前主要有以下两种形式：

（1）建筑与光伏系统相结合（BAPV）

作为光伏与建筑相结合的第一步，是将现成的平板式光伏组件安装在建筑物的屋顶处，引出端经过逆变和控制装置与电网连接，由光伏系统和电网并联向住宅用户供电，多余电力向电网反馈，不足电力向电网取用。

（2）建筑与光伏组件相结合（BIPV）

光伏与建筑相结合的进一步目标，是将光伏器件与建筑材料集成化。建筑物的外墙一般都采用涂料、马赛克等材料，为了美观，有的甚至采用价格昂贵的玻璃幕墙等，其功能是起保护内部和装饰的作用。如果把屋顶、向阳外墙、遮阳板甚至窗户等的材料用光伏器件代替，则既能作为建筑材料和装饰材料，又能发电，一举两得，一物多用，使光伏系统的造价降低，发电成本下降。不过这对光伏器件提出了更高的、更新的要求，应具有建筑材料所要求的隔热保温、电气绝缘、防火阻燃、防风防潮、抗风耐雪、质量较小、具有一定强度和刚度且不易破裂等性能，还应具有寿命与建筑同步、安全可靠、美观大方、便于施工等特点。如果作为窗户材料，还要求其能够透光。

光伏建筑一体化系统的关键技术之一是设计良好的冷却通风，这是因为光伏组件的发电效率随其表面工作温度的上升而下降。理论和试验表明，在光伏组件屋面设计空气通风通道，可使组件的电力输出提高8.3%左右，组件的温度降低15 ℃左右。

2. 并网逆变器

1）逆变器的功能

近年来，并网光伏系统在整个光伏应用市场中占比90%以上。光伏系统发出的直流电需要通过一系列逆变、控制、检测、保护等手段才能进入电网，实施时通常是将控制器和逆变器结合在一起，组成逆变控制器。因此，逆变控制器必须具有三方面的功能，除了将直流电转化成交流电外，还应具有并网和保护功能，一般为了提高光伏系统的效率，还带有最大功率跟踪。并网逆变器是分布式并网光伏系统的核心部件和技术关键。并网逆变器与独立逆变器不同之处是，它不仅可将太阳电池方阵发出的直流电转换为交流电，并且还可对转换的交流电的频率、电压、电流、相位、有功和无功、同步、电能品质（电压波动、高次谐波）等进行控制。它具有如下功能：

（1）自动开关

根据日出日落的日照条件，尽量发挥太阳电池方阵输出功率的潜力，在此范围内实现自动开始和停止。

（2）最大功率点跟踪（MPPT）控制

对跟随太阳电池方阵表面温度变化和太阳辐照度变化而产生出的输出电压与电流的变化进行跟踪控制，使方阵经常保持在最大输出的工作状态，以获得最大的功率输出。

（3）防止独立运行

系统所在地发生停电，当负荷电力与逆变器输出电力相同时，逆变器的输出电压不会发生变化，难以觉察停电，因而有通过系统向所在地供电的可能，这种情况称为单独运转。这种情况下，本应该停了电的配电线中又有了电，这对于保安检查人员是危险的，因此要设置防止单独运行功能。

（4）自动电压调整

在剩余电力逆流入电网时，因电力逆向输送而导致送电点电压上升，有可能超过商用电网的运行范围，为保证系统的电压正常，运转过程中能自动防止电压上升。

（5）异常情况排解与停止运行

当系统所在地电网或者逆变器发生故障时，及时查出异常，安全地加以排解，并控制逆变器停止运转。

2）逆变器的构成

联网逆变器主要由逆变器和联网保护器两大部分构成，如图3-39所示。

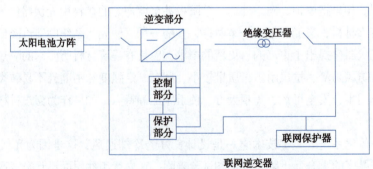

图3-39　联网逆变器的组成

（1）逆变器的组成

逆变器包括三个部分：①逆变部分，其功能是采用大功率晶体管将直流高速切割，并转换为电流；②控制部分，由电子回路构成，其功能是控制逆变部分；③保护部分，也由电子回路组成,其功能是逆变器内部发生故障时起安全保护作用。

(2) 联网保护器

联网保护器是一种安全装置,主要用于频率上下波动、过欠电压和电网停电等的检测。通过检测如发现问题,应及时停止逆变器的运转,把光伏系统与电网断开,以确保电网安全。它一般安装在逆变器中。

3) 光伏逆变器的主要技术指标

(1) 输出电压的稳定度

在离网型光伏系统中,太阳电池发出的电能先由蓄电池存储起来,然后经过逆变器逆变成220 V或380 V的交流电。但是蓄电池受自身充放电的影响,其输出电压的变化范围较大,如标称12 V的蓄电池,其电压值可在10.8~14.4 V变动(超出这个范围可能对蓄电池造成损坏)。对于一个合格的逆变器,输入端电压在这个范围内变化时,其稳态输出电压的变化量应不超过额定值的±5%,同时当负载发生突变时,其输出电压偏差不应超过额定值的±10%。

(2) 输出电压的波形失真度

对正弦波逆变器,应规定允许的最大波形失真度(或谐波含量)。通常以输出电压的总波形失真度表示,其值应不超过5%(单相输出允许10%)。由于逆变器输出的高次谐波电流会在感性负载上产生涡流等附加损耗,如果逆变器波形失真度过大,会导致负载部件严重发热,不利于电气设备的安全,并且严重影响系统的运行效率。

(3) 额定输出频率

对于包含电动机之类的负载,如洗衣机、电冰箱等,由于其电动机最佳频率工作点50 Hz,频率过高或者过低都会造成设备发热,降低系统运行效率和使用寿命,所以逆变器的输出频率应是一个相对稳定的值,通常为工频50 Hz,正常工作条件下其偏差应在±1%以内。

(4) 负载功率因数

负载功率因数是表征逆变器带感性负载或容性负载的能力。正弦波逆变器的负载功率因数为0.7~0.9,额定值为0.9。在负载功率一定的情况下,如果逆变器的功率因数较低,则所需逆变器的容量就要增大,一方面造成成本增加,同时光伏系统交流回路的实载功率增大,回路电流增大,损耗必然增加,系统效率也会降低。

(5) 逆变器效率

逆变器的效率是指在规定工作条件下,其输出功率与输入功率之比,以百分数表示,一般情况下,光伏逆变器的标称效率是指纯阻负载,80%负载情况下的效率。由于光伏系统总体成本较高,因此应该最大限度地提高光伏逆变器的效率,降低系统成本,提高光伏系统的性价比。目前主流逆变器标称效率在95%以上。在光伏系统实际设计过程中,不但要选择高效率的逆变器,同时还应通过系统合理配置,尽量使光伏系统负载工作在最佳效率点附近。

(6) 额定输出电流(或额定输出容量)

额定输出电流表示在规定的负载功率因数范围内逆变器的额定输出电流。有些逆变器产品给出的是额定输出容量,其单位以V·A或kV·A表示。逆变器的额定容量是当输出功率因数为1(即纯阻性负载)时,额定输出电压与额定输出电流的乘积。

（7）保护措施

一款性能优良的逆变器，还应具备完备的保护功能或措施，以应对在实际使用过程中出现的各种异常情况，使逆变器本身及系统其他部件免受损伤。

① 输入欠电压保护：当输入端电压低于额定电压的 85% 时，逆变器应有保护和显示。

② 输入过电压保护：当输入端电压高于额定电压的 130% 时，逆变器应有保护和显示。

③ 过电流保护：逆变器的过电流保护，应能保证在负载发生短路或电流超过允许值时及时动作，使其免受浪涌电流的损伤。当工作电流超过额定的 150% 时，逆变器应能自动保护。

④ 输出短路保护：逆变器短路保护动作时间应不超过 0.5 s。

⑤ 输入反接保护：当输入端正、负极接反时，逆变器应有防护功能和显示。

⑥ 防雷保护：逆变器应有防雷保护。

（8）起动特性

起动特性是指表征逆变器带负载起动的能力和动态工作时的性能。逆变器应保证在额定负载下可靠起动。

（9）噪声

电力电子设备中的变压器、滤波电感、电磁开关及风扇等部件均会产生噪声。逆变器正常运行时，其噪声应不超过 80 dB，小型逆变器的噪声应不超过 65 dB。

习 题

1. 画出把石英砂制成硅光伏组件主要步骤的方框图。
2. 目前生产太阳电池原材料的高纯多晶硅有哪些方法？各自的优缺点是什么？
3. 把多晶硅原材料制造成单晶硅的方法有哪几种？各自的优缺点是什么？
4. 把硅片制造成单体太阳电池包括哪几道工艺？各自的作用是什么？
5. 什么是铝背场？铝背场是怎样制备的？
6. 为什么要把单体太阳电池封装成组件？封装主要包括哪些工序？
7. 并网型光伏发电系统由哪几部分组成？各部件的作用是什么？
8. 离网型光伏发电系统由哪几部分组成？各部件的作用是什么？
9. BAPV 与 BIPV 的区别是什么？为何 BIPV 是未来分布式发电系统的主要形式？
10. 有人认为如果家里安装了光伏发电系统，哪怕公共电网停电了，家里照样能用上光伏发的电。这个认识正确吗？

第4章 晶体硅太阳电池工作原理与光电性能参数

阅读导入

在推广光伏发电时，人们对于光伏发电有着各种困惑和疑问。比如一个光伏板为何能发电？光伏发电时会不会造成噪声污染、电磁辐射？光伏发电量与光照有何关系？光伏板为何要避免阴影？光伏电站夏天与冬天发电量有何不同？如何解读光伏背板上面的铭牌？学习本章内容后，相信这些问题会迎刃而解。

晶体硅太阳电池本质上是一个大面积的 p-n 结。p-n 结内有太阳电池发电的发动机：内建电场。晶体硅太阳电池发电的原理是光生伏特效应。本章主要介绍光生伏特效应和太阳电池的光电流、光电压以及太阳电池相关的光电性能参数。这些都是做光伏工程必须知晓的基础知识。

4.1 晶体硅太阳电池结构和光生伏特效应

晶体硅太阳电池外形和基本构图如图 4-1 所示，具体内容见 2.3 节。无论 p 区，n 区还是耗尽区都是以硅材料为主的，都能对能量大于或等于其禁带宽度（约 1.14 eV）的入射光子发生本征吸收。p-n 结的耗尽区内存在着使光生电子与空穴分离的发动机：内建电场。其方向是由 n 区指向 p 区。

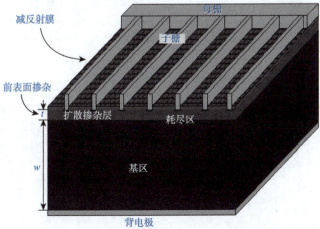

图 4-1 晶体硅太阳电池的结构示意图

晶体硅太阳电池发电的基本原理就是光生伏特效应。电池被照明时，能量大于硅禁带宽度的光子，穿过减反射膜进入硅中，在 n 区、耗尽区和 p 区中激发光生电子-空穴对。光生电子-空穴对在耗尽区产生后，立即被内建电场分离，光生电子被送进 n 区，光生空穴则被推进 p 区。根据耗尽近似条件，耗尽区边界处的载流子浓度近似为零，即 p = n = 0。在 n 区中，光生电子-空穴对产生以后，光生空穴便向 pn 结边界扩散，一旦到达 pn 结边界，便立即受到内建电场作用，被电场力牵引作漂移运动，越过耗尽区进入 p 区，光生电子（多子）则被留在 n 区。

p 区中的光生电子（少子）同样地先因为扩散、后因为漂移而进入 n 区，光生空穴（多子）留在 p 区。如此便在 pn 结两侧形成了正、负电荷的积累，产生了光生电压，这就是"光生伏特效应"，如图 4-2 所示。当光电池接上一负载后，光电流就从 p 区经负载流至 n 区，负载中即得到功率输出。

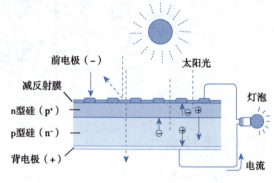

图 4-2　光生伏特效应原理示意图

图 4-3 所示为不同状态下硅太阳电池的能带图。其中图 4-3（a）所示为无光照，处于热平衡状态时的 pn 结能带图，有统一的费米能级，势垒高度为 $qV_D = E_{Fn} - E_p$。图 4-3（b）所示为稳定光照时，pn 结处于非平衡状态，光生载流子积累出现光电压，使 pn 结处于正偏，费米能级发生分裂。因为电池处于开路状态（没有接负载），故费米能级分裂的宽度等于 qV_{oc}，剩余的结势垒高度为 $q(V_D - V_{oc})$。图 4-3（c）所示为有稳定光照，电池处在短路状态（负载为零），原来在 pn 结两端积累的光生载流子通过外电路复合，光电压消失，势垒高度为 qV_D，各区中的光生载流子被内建电厂分离，源源不断地流进外电路，形成短路电流 I_{sc}。图 4-3（d）所示为有光照和有外接负载时，一部分光电流在负载上建立电压 V，另一部分光电流和 pn 结在光电压 V 的正向偏压下形成的正向电流抵消。费米能级分裂的宽度正好等于 qV，而这时剩余的结势垒高度为 $q(V_D - V)$。

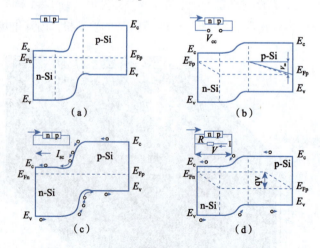

图 4-3　不同状态下晶体硅太阳电池的能带图

4.2 光电流和光电压

太阳电池或者光伏组件向负载供电,有两个物理量最重要,一个是电压,另一个是电流,二者的乘积决定了输出功率的大小。接下来重点考察这两个物理量影响的因素。

4.2.1 光电流

光生载流子的定向运动形成光电流。如果投射到电池上的光子中,能量大于 E_g 的光子均能被吸收,而激发出数量相同的光生电子-空穴对,且均可被全部收集,则光电流密度的最大值为

$$J_{L(max)} = qN_{ph}(E_g)$$

式中,$N_{ph}(E_g)$ 为每秒投射到电池上的能量大于 E_g 的总光子数。描述光子的密度可以用光子通量表示。对于单色光,光子通量指的是某一特定波长入射,垂直于入射光方向的单位面积上,单位时间内所通过的光子数目,其单位为个 $cm^{-2} \cdot s^{-1}$。

考虑光的反射、材料的吸收、电池厚度以及光生载流子的实际产生率以后,光电流密度可表示为

$$\begin{aligned} J_L &= \int_0^\infty \left[\int_0^H q\Phi(\lambda) Q [1 - R(\lambda)] \alpha(\lambda) e^{-\alpha(\lambda)x} dx \right] d\lambda \\ &= \int_0^\infty \int_0^H q G_L(x) dx d\lambda \\ G_L(x) &= \Phi(\lambda) Q [1 - R(\lambda)] \alpha(\lambda) e^{-\alpha(\lambda)x} \end{aligned} \quad (4-1)$$

式中,$\Phi(\lambda)$ 为投射到电池上、波长为 λ、带宽为 $d\lambda$ 的光子数;Q 为量子产额,即一个能量大于 E_g 的光子产生一对光生载流子的概率,通常可令 $Q \approx 1$;$R(\lambda)$ 为和波长有关的反射因数;$\alpha(\lambda)$ 为对应波长的吸收系数;dx 为距电池表面 x 处厚度为 dx 的薄层;H 为电池总厚度。$G_L(x)$ 表示在 x 处光生载流子的产生率。

这个表达式认为,凡是在电池中产生的光生载流子均可对光电流有贡献,因而是光电流的理想值。

由上节所述光电流形成过程可知,在图4-4所示简化的太阳电池结构示意图中:①太阳电池的n区、耗尽区和p区中均能产生光生载流子;②各区中的光生载流子必须在复合之前越过耗尽区,才能对光电流有贡献,所以求解实际的光生电流必须考虑到各区中的产生和复合、扩散和漂移等各种因素。为简单起见,先讨论波长为 λ 带宽为 $d\lambda$、光子数为 $\Phi(\lambda)$ 的单色光照射太阳电池的情况。

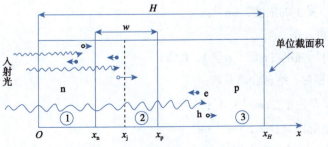

图4-4 简化的太阳电池结构示意图

类似 pn 结正偏,在单位面积的太阳电池中把 $J_z(\lambda)$ 看作各区贡献的光电流密度之和,即

$$J_L(\lambda) = J_n(\lambda) + J_e(\lambda) + J_p(\lambda) \tag{4-2}$$

其中,$J_n(\lambda)$、$J_e(\lambda)$、$J_p(\lambda)$ 分别表示 n 区、耗尽区、p 区贡献的光电流密度。在考虑各种产生和复合机构以后,即可求出每一区中光生载流子的总数和分布,从而求出电流密度。

先考虑 J_n 和 J_p,根据肖克莱关于 p-n 结的理论模型,假设图 4-4 中的太阳电池满足:

- 光照时太阳电池各区均满足 $pn > n_i^2$,即满足小注入条件。
- 耗尽区宽度 $w <$ 扩散长度 L_p,并满足耗尽相似。
- 基区少子扩散长度 $L_p >$ 电池厚度 H,结平面为无限大,不考虑周界的影响。
- 各区杂质均已电离。

在一维情况下,描写太阳电池工作状态的基本方程:

对 n 区

$$J_p = q\mu_p p_n \varepsilon_n - qD_p \frac{dp_n}{dx} \tag{4-3}$$

$$\frac{dp_n}{dt} = G_L - U_n - \frac{1}{q}\frac{dJ_p}{dx} \tag{4-4}$$

对 p 区

$$J_n = q\mu_n n_p \varepsilon_p + qD_n \frac{dn_p}{dx} \tag{4-5}$$

$$\frac{dn_p}{dt} = G_L - U_p + \frac{1}{q}\frac{dJ_n}{dx} \tag{4-6}$$

以及

$$\frac{d\varepsilon}{dx} = \frac{q}{\xi_r \xi_0}(N_D - N_A + p + n) \tag{4-7}$$

以上五个方程中各符号的物理意义及单位为:

J_n、J_p:电子、空穴电流密度,$C/cm^2 \cdot s$;

n_n、n_p:n 区电子、空穴浓度,cm^{-3};

p_n、p_p:p 区电子、空穴浓度,cm^{-3};

μ_n、μ_p:电子、空穴的迁移率,$\mu m^2/s \cdot V$;

D_n、D_p:电子、空穴的扩散系数,cm^2/s;

L_n、L_p:电子、空穴的扩散长度,$\mu m/s$;

τ_n、τ_p:电子、空穴的寿命,μm;

N_D、N_A:施主、受主的浓度,cm^{-3};

q:单位电荷电量,C;

ε(ε_n、ε_p):电场强度(n 区、p 区),C/cm^2;

ξ_r、ξ_0:材料的相对、绝对介电系数;

G_L:光生载流子产生率,$cm^{-3} \cdot s^{-1}$;

U_n、U_p:电子、空穴复合率,$cm^{-3} \cdot s^{-1}$;

p、n:分别代表空穴浓度和电子浓度,cm^{-3}。

式（4-3）称为电流密度方程，它表示 n 区中的空穴决定的电流密度等于空穴的漂移分量与扩散分量的代数和。式（4-4）称为连续性方程，它表示在单位时间单位体积的半导体中，空穴浓度的变化量等于净产生率（产生率减去复合率）与空穴流密度梯度的代数和。其中末项前的负号分别表示扩散流的方向和空穴浓度梯度方向及电流密度方向均相反。式（4-5）、式（4-6）分别为 p 区中由电子决定的电流密度方程和连续性方程。式（4-7）称为泊松方程，它表示半导体中电势的空间分布和空间电荷的关系。下面就均匀掺杂的 p-n 结计算推导其光生电流的表达式。

对于一个 p-n 结太阳电池，只需把实际参数代入以上方程，即可求出光电流来。但是这样太复杂了，须依靠电子计算机进行数值解。通常为了分析光电流与半导体材料特性参数之间的关系，可以假设一些特定的条件，以大大地简化方程，求得解析解。如假定在图 4-4 所示的太阳电池中，p-n 结为突变结，p 区与 n 区都均匀掺杂，空间电荷区外不存在电场，迁移率 μ_n、μ_p 和扩散系数 D_n、D_p 均和距离无关。

1. n 区

经过一些近似，最终可解出，到达 n 区 p-n 结边缘的空穴电流密度为

$$J_p = \frac{q\Phi(1-R)\alpha L_p}{\alpha^2 L_p^2 - 1} \times$$

$$\left[\frac{\left(\frac{s_p L_p}{D_p} + \alpha L_p\right) - e^{-\alpha x_n}\left(\frac{s_p L_p}{D_p}\mathrm{ch}\frac{x_n}{L_p} + \mathrm{sh}\frac{x_n}{L_p}\right)}{\frac{s_p L_p}{D_p}\mathrm{sh}\frac{x_n}{L_p} + \mathrm{ch}\frac{x_n}{L_p}} - \alpha L_p e^{-\alpha x_n}\right] \tag{4-8}$$

2. p 区

对 p 区可作同样处理，只是 p 区的两个边界条件不同。最终导出

$$J_n = \frac{q\Phi(1-R)\alpha L_n}{\alpha^2 L_n^2 - 1} e^{-\alpha(x_n+W)} \left\{\alpha L_n - \left[\frac{\frac{s_n L_n}{D_n}\left(\mathrm{ch}\frac{H'}{L_n} - e^{-\alpha H'}\right) + \mathrm{sh}\frac{H'}{L_n} + \alpha L_n e^{-\alpha H'}}{\frac{s_n L_n}{D_n}\mathrm{sh}\frac{H'}{L_n} + \mathrm{ch}\frac{H'}{L_n}}\right]\right\} \tag{4-9}$$

3. 耗尽区

在 p-n 结耗尽区中存在着比较强的漂移电场，且宽度 W 又很小，可以认为在耗尽区中产生的光生载流子均可被电场分离，所以

$$J_c(\lambda) = \int_0^W q\Phi(1-R)e^{-\alpha x}\mathrm{d}x$$

$$\approx q\Phi(1-R)e^{-\alpha x_n}(1-e^{-\alpha W}) \tag{4-10}$$

单色光稳定照明时，太阳电池中的光电流只需将式（4-8）、式（4-9）、式（4-10）代入式（4-2）相加。因为太阳光是一个复色光源，总的光电流密度还需对所有波长积分，即

$$J_L = \int_0^\infty J_L(\lambda)\mathrm{d}\lambda \tag{4-11}$$

以上这些电流的表达式，在一定程度上进一步反映了太阳电池中各参数和光电流之间的内在联系。而要比较彻底地弄清各参数之间的联系，求出最佳的配合，还要依靠微观测量手段的发展和计算机的应用。

由式（4-8）、式（4-9）、式（4-10）的表达式可以看出，太阳电池各区对光电流的贡献不同，实验也已经证实。如图 4-4 顶区产生的光电流对紫光比较敏感，占总光电流的 5%～12%（随顶区厚度而变）；空间电荷区的光生电流对可见光敏感，占 2%～5%；基区产生的光电流对红外线灵敏，占 90% 左右，是总光生电流的主要组成部分。当然，电池的结构不同，各区的贡献也不同。

受照明的太阳电池被短路时，p-n 结处于零偏压，这时，短路电流密度 J_{sc} 等于光生电流密度 J_L，而正比于入射光强，即

$$J_{sc} = J_L \propto N_{ph} \propto \Phi \tag{4-12}$$

4.2.2 光电压

由于光照而在电池两端出现的电压称为光电压，它像外加于 p-n 结的正偏压一样，与内建电场方向相反，这光电压减低了势垒高度，而且使耗尽区变薄。太阳电池在开路状态的光电压称为开路电压。

有光照时，内建电场所分离的光生载流子形成由 n 区指向 p 区的光电流 J_L，而太阳电池两端出现的光电压即开路电压 V_{oc} 却产生由 p 区指向 n 区的正向结电流 I_D。在稳定光照时，光电流恰好和正向结电流相等（$J_L = J_D$）。p-n 结的正向电流可表示为

$$J_D = J_0(e^{-qV/AkT} - 1) \tag{4-13}$$

于是有

$$J_L = J_0(e^{-qV_{oc}/AkT} - 1) \tag{4-14}$$

两边取对数整理后，当 $A \to 1$ 时得

$$V_{oc} = \frac{AkT}{q} \ln\left(\frac{J_L}{J_0} + 1\right) \tag{4-15}$$

在 AM1 条件下，$\frac{J_L}{J_0} \gg 1$，所以

$$V_{oc} = \frac{AkT}{q} \ln \frac{J_L}{J_0} \tag{4-16}$$

显然 V_{oc} 随 J_L 增加而增加，随 J_0 增加而减小。似乎开路电压也随曲线因子 A 增加而增加，实际上 A 因子的增加，也是与 J_0 的增加有关，所以总的来说，A 因子大的电池开路电压不会大。经过相关推导，开路电压与 p-n 结的势垒高度 V_D 与光生电流密度 J_L 存在如下关系：

$$V_{oc} = V_D - \frac{kT}{q} \ln \frac{J_0}{J_L} \tag{4-17}$$

在低温和高光强时，V_{oc} 接近 V_D，V_D 越高 V_{oc} 也越大。因 $V_D \approx \frac{kT}{q} \ln \frac{N_D N_A}{n_i^2}$，故 p-n 结两边掺杂度愈大，开路电压也愈大。通常把 V_{oc} 和 E_g 之比称为电压因子（$V \cdot F$），以描写开路电压与禁带宽度的关系，电压因子（$V \cdot F$）可表示为

$$V \cdot F = \frac{V_{oc}}{E_g} = \frac{AkT}{qE_g} \ln\left(\frac{J_L}{J_0} + 1\right) \tag{4-18}$$

就材料而言，禁带宽度愈大 I_0 愈小，开路电压愈高。

4.2.3 漂移电场的作用和背电场（BSF）电池

当导电类型相同而掺杂浓度不同的两块半导体紧密接触时，高浓度一侧的多子将越过界面向低掺杂浓度区扩散，于是高浓度一侧出现的电离杂质和进入低浓度区的多子形成电偶层，出现了自建电场，同时在界面附近建立了势垒，这种势垒称为浓度结或梯度结。

以 p 型半导体为例，浓度结的能带图示如图 4-5 所示，假设其中 p 及 p^+ 区都均匀掺杂，自建电场方向由 p 指向 p^+。类同于 p-n 结，可求得热平衡时 p-p^+ 界面处的接触势垒高度 qV_g 为

$$qV_g = E_{Fp} - E_{Fp^+} = \frac{kT}{q}\ln\frac{N_A^+}{N_A} \tag{4-19}$$

显然，把 p-p^+ 结与 n^+-p 结叠加在一起以后，在 p-p^+ 结之间的总内建电势 V_B 为 $V_D = \frac{kT}{q}\ln\frac{n_{n0}}{n_{p0}} = \frac{kT}{q}\ln\frac{N_D N_A}{n_i^2}$ 与式（4-19）之和，即

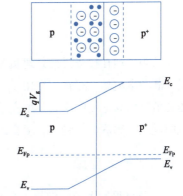

图 4-5　p-p^+ 浓度结及其能带图

$$V_B = V_D + V_g = \frac{kT}{q}\ln\frac{N_D^+ N_A}{n_i^2} + \frac{kT}{q}\ln\frac{N_A^+}{N_A} = \frac{kT}{q}\ln\frac{N_D^+ N_A^+}{n_i^2} \tag{4-20}$$

可见总势垒高度增加了。

当 p-p^+ 结受到光照时，p 区中的光生电子若向 p^+ 区运动，将被 p-p^+ 结势垒反射回去，而 p^+ 区中的光生电子则因势能较高，可顺着 p-p^+ 结势垒流向 p 区。这些光生电子进入 p 区后，在 p-p^+ 结两侧出现与自建电势相反的光电压，因而在 n^+-p-p^+ 的太阳电池中，在 p-p^+ 结处的光电压与 n^+-p 结相同，p-p^+ 结增加了电池的总开路电压，而开路电压的极大值$(V_{oc})_{max}$就是 V_B。另外，p^+ 区的少子浓度低于 p 区，所以 n^+-p 电池中加进 p-p^+ 结以后，便减少了从基区到 n^+ 区的注入电流，即减少了暗电流。从式（4-17）可知，暗电流的减少将使实际开路电压增加。在 n^+-p 电池基区的背面附加一个 p-p^+ 结的电池称为背电场（BSF）电池，如图 4-6 所示。

显然各区中漂移电场在不发生高掺杂效应时，具有的显著优点是：①加速光生少子输运，增加了光电流。②由于少子复合下降而减少了暗电流，背电场还可能把向背表面运动的光生少子反射回去重新被收集。当然，背电场对薄电池和材料电阻率较高时适用。实

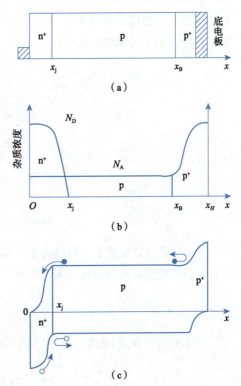

图 4-6　背电场电池（BSF 电池）

验中发现,当基区厚度大于一个电子扩散长度时,背电场就不起作用,因为被反射回去的少子在到达 p-n 结前即被复合了。③可以增加开路电压,但实验发现基体材料电阻率低于 $0.5\ \Omega\cdot cm$(即 $N_A > 10^{17}/cm^3$)时,背电场已不起作用。④改善了金属和半导体的接触,减小了串联电阻,整个电池的填充因子也得到改善。

4.3 等效电路、输出功率和填充因子

太阳电池在接受光照并对负载供电时可以等效地看作一个稳恒电流源(光照稳定),不过不是理想的电流源,存在一个由于正向电压而导致的漏电流。负载得到的输出功率为负载的端电压和流过负载电流的乘积。填充因子则是太阳电池串联电阻与并联电阻大小的反映。一般并联电阻越大,串联电阻越小,填充因子越小。

4.3.1 等效电路

当受照明的太阳电池接上负载时,光生电流流经负载,并在负载两端建立起端电压,这时太阳电池的工作情况可用图 4-7 所示的等效电路来描述。图中把太阳电池看成能稳定地产生光电流 I_L 的电流源(只要光源稳定),与之并联的有一个处于正偏压下的二极管及一个并联电阻 R_{sh}(又称跨接电阻)。显然,二极管的正向电流 $I_D = I_0 \left(e^{qV/AkT} - 1 \right)$ 和旁路电流 I_{sh} 都要靠 I_L 提供,剩余的光电流经过一个串联电阻 R_s 流出太阳电池而进入负载 R_L。对于实际的太阳电池,应当把它看成由很多个具有这种等效电路结构的电池单元(又称子电池)并联而成,因而应当把图 4-7 所示的等效电路中的各个参量视为集中参量(即各子电池参量的总合)。

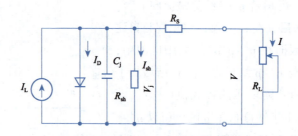

图 4-7 晶体硅太阳电池等效电路图

不久前萨支唐发表了一种适合于计算机分析的太阳电池的等效电路,避开了解繁杂的联立方程,只需把必要的数据代入即可求解。

4.3.2 输出功率

当流进负载 R_L 的电流为 I,负载的端电压为 V 时,则由图 4-7 可以得到

$$I = I_L - I_D - I_{Rh} = I_L - I_0 \left(e^{q(V-IR_s)/AkT} - 1 \right) - \frac{I(R_s + R_L)}{R_{sh}} \tag{4-21}$$

$$V = IR_L \tag{4-22}$$

$$P = IV = \left[I_L - I_0 \left(e^{q(V-IR_s)/AkT} - 1\right) - \frac{I(R_s + R_L)}{R_{sh}}\right]V$$

$$= \left[I_L - I_0 \left(e^{q(V-IR_s)/AkT} - 1\right) - \frac{I(R_s + R_L)}{R_{sh}}\right]^2 R_L \quad (4-23)$$

式中，P 为太阳电池被照明时在负载 R_L 上得到的输出功率。当负载 R_L 从零变到无穷大时，即可画出图 4-8 所示太阳电池的负载特性曲线。曲线上的任一点都称为工作点，工作点和原点的连线称为负载线，负载线斜率的倒数等于 R_L，与工作点对应的横、纵坐标即为工作电压和工作电流。调节负载电阻 R_L 到某一值 R_s 时，在曲线上得到一点 M，对应的工作电流 I_m 和工作电压 V_m 之积最大。

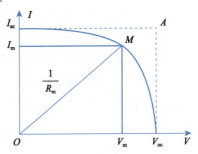

图 4-8　太阳电池的负载特性曲线

$$P_m = I_m V_m \quad (4-24)$$

称 M 点为该太阳电池的最佳工作点（又称最大功率点），V_m 为最佳工作电压，R_s 为最佳负载电阻，P_m 为最大输出功率。

4.3.3　填充因子

最大输出功率与（$V_{oc} \times I_{sc}$）之比称为填充因数（$F \cdot F$），也就是图 4-8 中四边形 $OI_m MV_m$ 与四边形 $OI_{sc}AV_{oc}$ 面积之比，这是用以衡量太阳电池输出特性好坏的重要指标之一。

$$F \cdot F = \frac{P_m}{V_{oc}I_{sc}} = \frac{V_m I_m}{V_{oc}I_{sc}} \quad (4-25)$$

填充因子表征太阳电池的优劣，在一定光强下，$F \cdot F$ 愈大，曲线愈"方"，输出功率也愈高。$F \cdot F$ 与入射光强、反向饱和电流、A 因子、串联、并联电阻密切相关。

填充因子表征太阳电池的优劣，在一定光强下，$F \cdot F$ 愈大，曲线愈"方"，输出功率也愈高。$F \cdot F$ 与入射光强、反向饱和电流、A 因子、串联电阻、并联电阻密切相关。具有适当效率的晶体硅太阳电池而言，其填充因数值为 0.7~0.85。理想情况下，它与太阳电池的开路电压 U_{oc} 密切相关。定义太阳电池的归一化开路电压 $v_{oc} = \dfrac{U_{oc}}{(kT/q)}$，式中 k 是玻耳兹曼常数，T 是绝对温度，q 是基本电荷量，则理想填充因数与归一化开路电压存在以下关系

$$v_{oc} = \frac{v_{oc} - \ln(v_{oc} + 0.72)}{v_{oc} + 1} \quad (4-26)$$

该公式在 $v_{oc} > 17$ 时，可以精确到四位有效数字。

4.4　太阳电池的量子效率与光谱响应

太阳电池的量子效率定义为一个具有一定波长的入射光子在外电路产生电子的数目。分为外量子效率 EQE(λ) 和内量子效率 IQE(λ)。两者的区别在于前者考虑全部的入射光子，后者仅考虑没有被反射的入射光子。内量子效率更能反映太阳电池本身对外电路输出光电子的能力。

内量子效率与太阳电池的总光生电流存在以下关系

$$I_{ph} = q\int \Phi(\lambda)\left[1 - R(\lambda)\right]\mathrm{IQE}(\lambda)\mathrm{d}\lambda \tag{4-27}$$

式中，$\Phi(\lambda)$ 是入射到太阳电池上的波长 λ 的光子通量；$R(\lambda)$ 是上表面的反射系数。使用干涉滤光器或者单色仪对太阳电池内外量子效率进行常规测量，以衡量一个太阳电池的性能。比如有机聚合物太阳电池，其转换效率通常很低，不易准确测量，通常用内外量子效率来表征其性能。

以一定波长的单色光照射一个太阳电池时产生的光电流与该波长的光谱辐照度之比，定义为光谱响应（以 SR(λ) 表示，单位为 A/W）。由于光子数和辐照度相关，所以光谱响应与量子效率存在以下关系

$$\mathrm{SR}(\lambda) = \frac{q\lambda}{hc}\mathrm{QE}(\lambda) = 0.808\lambda \mathrm{QE}(\lambda) \tag{4-28}$$

式中，λ 的单位是 μm；$QE(\lambda)$ 为量子效率。

4.5　太阳电池的光电转换效率

太阳电池最核心的技术参数是光电转换效率。它决定了太阳电池技术水平的高低。p 型晶体硅太阳电池的实验室最高效率为 24.7%。目前国内光伏市场上主流的晶体硅太阳电池产品的转换效率基本都超过了 20%。

4.5.1　光电转换效率

太阳电池受照明时，输出电功率与入射光功率之比 η 称为太阳电池的效率，又称光电转换效率。

$$\begin{aligned}\eta &= \frac{P_m}{A_t P_{in}} = \frac{I_m V_m}{A_t P_{in}} = \frac{(F\cdot F)I_{sc}V_{oc}}{A_t P_{in}} \\ &= \frac{(F\cdot F)(V\cdot F)I_{sc}E_g}{A_t P_{in}} = \frac{(F\cdot F)(V\cdot F)I_{sc}E_g}{A_t \int_0^\infty \Phi(\lambda)\frac{hc}{\lambda}\mathrm{d}\lambda}\end{aligned} \tag{4-29}$$

式中，A_t 为包括栅线图形面积在内的太阳电池总面积；$P_{in} = \int_0^\infty \Phi(\lambda)\frac{hc}{\lambda}\mathrm{d}\lambda$ 为单位面积入射光功率。

在式（4-29）的效率表达式中，如果把 A_t 换为有效面积 A_a（又称活性面积），即从总面积中扣除栅线图形面积，从而算出的效率要高一些，这一点在阅读国内、外文献时应特别注意。

将前面已经导出的 I_{sc}、$(F\cdot F)$、$(V\cdot F)$ 的表达式代入式（4-29），然后作出不同程度的近似处理，可以得到太阳电池效率的理论值。相关研究表明太阳电池在阳光下最大效率 η_{max} 与材料禁带宽度的关系为：在阳光下，短路电流随 E_g 增加而减少，开路电压随 E_g 增加而增加，在 E_g = 1.4 eV 附近出现效率的极大值。也就是说，碲化镉、砷化镓、砷化铟、锑化铝等可能是比硅更为优越的光电材料。砷化镓电池的效率已经做到了 23%。温度升高，太阳电池的效率下降。

4.5.2 晶体硅太阳电池的效率分析

美国的普林斯（Prience）最早算出硅太阳电池的理论效率为 21.7%。20 世纪 70 年代，华尔夫（M. Wolf）又进行过详尽的讨论，也得到硅太阳电池的理论效率，在 AM0 条件下为 20%～22%，不久前又将其修改为 25%（AM1 条件下）。

估计太阳电池的理论效率，必须把入射光能到输出电能之间所有可能发生的损耗都计算在内。其中有些是与材料及工艺有关的损耗，而另一些则是由基本物理原理所决定的。考虑了所有损耗以后，可画出表 4-1 所示的损耗分类表。

表 4-1 晶体硅太阳电池能量损失过程表

晶体硅太阳电池能量损失类别	考虑该损失时能量利用率/%	考虑该损失后剩余的太阳能/%
可供能量转换的入射光能	100	100
反射损失 3%	97	97
长波损失：波长大于极限波长，23%	77	74
被电池吸收的光未能产生载流子，0	100	74
短波损失：$h_v > E_g$ 的光子激发光子后剩余的能量不能被利用，43%	57	42
光生空穴电子对在各区复合，16%	84	35
光生载流子被 p-n 结分离时，产生结区损失，35%	65	22.7
串并联电阻损失，3%	97	22
在最佳负载上得到的电功率	—	22

表 4-2 是目前各类太阳电池的实验室转换效率纪录。

表 4-2 目前各类太阳电池的实验室转换效率纪录

电池总类	转换效率/%	研发单位	备注
单晶硅太阳电池	24.7	澳大利亚新南威尔士大学	4 cm^2
背接触聚光单晶电池	26.8	美国 Sunpower 公司	96 倍光
GaAs 多结电池	40.7	Spectro Lab	333 倍光
多晶硅电池	20.3	德国弗朗霍夫研究所	1.002 m^2
InGaP/GaAs 电池	30.28	日本能源公司	4 cm^2
非晶硅薄膜电池	12.8	美国 USSC 公司	0.27 cm^2
CIGS 电池	19.9	美国可再生能源实验室	0.41 cm^2
CdTe 电池	16.5	美国可再生能源实验室	1.032 cm^2
多晶硅薄膜电池	16.6	德国斯图加特大学	4.017 cm^2
纳米硅电池	10.1	日本钟渊公司	2 μm 膜（玻璃衬底）
染料敏化电池	11.0	EPFL	0.25 cm^2
HIT 电池	21.5	日本三洋电机公司	—
硅异质结电池	26.81	中国隆基绿能	—

太阳电池高的量子效率是太阳电池高光电转换效率的必要条件,而不是其充分条件。太阳电池的量子效率高说明其把光子转换成外电路电子的能力高,换句话说,同样的光辐照度其产生光生电流高,但并不意味着太阳电池的开路电压高,也不意味着太阳电池的填充因数高,所以不一定意味着太阳电池的光电转换效率高。

2022年11月19日,隆基绿能在第十六届中国新能源国际博览暨高峰论坛上宣布,已收到德国哈梅林太阳能研究所(ISFH)的最新认证报告,隆基绿能自主研发的硅异质结电池转换效率达到26.81%,创造目前全球硅基太阳电池效率的最高纪录。这是继2017年日本公司创造单结晶硅电池效率纪录26.7%以来,时隔五年诞生的最新世界纪录,也是光伏史上68年以来第一次由中国太阳能科技企业创造的硅电池效率世界纪录。提升转换效率、降低度电成本是光伏产业发展的永恒主题。太阳电池效率是光伏科技创新的灯塔,每一次0.01%的突破都充满挑战。尤其是晶硅电池在目前的光伏市场中占比近95%,所以晶硅太阳电池的极限效率决定也展示了光伏技术的发展潜力和光伏产业的发展方向,在整个光伏领域具有重要的意义。

4.5.3 影响效率的因素及提高效率的途径

综上所述,提高太阳电池的效率,必须提高开路电压 V_{oc}、短路电流 I_{sc} 和填充因子 $F \cdot F$ 这三个基本参量。而这三个基本参量之间往往是相互牵制的,如果单方面提高其中一个,可能会因此而降低另一个,以至于总效率不仅没提高或反而有所下降。因而在选择材料、设计工艺时必须全盘考虑,力求使三个参量的乘积最大。

无论对于空间应用或地面应用的硅太阳电池,一些影响效率的因素是共同的。这就是①基片材料;②暗电流;③高掺杂效应;④串、并联电阻的影响等。下面详细讨论暗电流和高掺杂时对电池的影响。在此基础上,简要介绍几种提高硅太阳电池效率的途径。

1. 暗电流

当p-n结处于正偏状态时,略去串联电阻的影响,在负载上得到的电流密度 $J = J_L - J_D$,J_D 称为光电池的暗电流,也就是推导过的p-n结正向电流。

在式(4-17)中又可看到它明显地消耗光电流,降低开路电压,所以减小暗电流是提高太阳电池效率的重要方面。

对于均匀掺杂的p-n结硅太阳电池,有

$$J_D = \left(qD_n \frac{n_i^2}{N_A L_n} + qD_p \frac{n_i^2}{N_D L_p} \right) \left(e^{qV/kT} - 1 \right) + \frac{1}{2} q \frac{n_i}{\tau} w \left(e^{qV/2kT} - 1 \right) \quad (4-30)$$

前一项称为注入电流,也就是p区和n区的扩散电流。显然p区、n区掺杂浓度 N_A、N_D 愈大,少子寿命愈长、扩散长度愈长,暗电流中的注入电流分量就愈小。后一项称为复合电流,它与耗尽区宽度 w 成正比,与耗尽区中的载流子平均寿命 τ 成反比。要减少暗电流中的复合电流分量,需要减少耗尽区宽度,减少耗尽区中的复合中心,并把载流子的寿命维持在高水平上。

在考虑到p-n结存在高掺杂时,暗电流还包含第三个量——隧穿电流 J_t,即

$$J_t = K_1 N_t e^{BV} \quad (4-31)$$

式中,K_1 是包含电子的有效质量 m^*、内建电场、掺杂浓度、介电常数、普朗克常数等的一个系

数;N_t是能够为电子或空穴提供隧道的能态密度。而

$$B = \frac{8\pi}{3h}\sqrt{m^*\xi_0\xi_r N_{D\cdot A}} \tag{4-32}$$

式中,$N_{D\cdot A}$为p-n结区的平均掺杂浓度;m^*为载流子的有效质量。B是一个与温度无关的系数。

n区的电子因为有p-n结势垒的阻挡,一般不能穿过结势垒,但有少数靠近p-n结;原来在n区导电带中的电子却可以通过禁带中的深能级(这些深能级由其他杂质或缺陷构成)隧穿过p-n结势垒与价带中的空穴复合,这种过程称为隧道效应。那些靠近p-n结,原来在价带中的空穴也可以类似地隧穿复合。由隧道效应产生的电流称隧穿电流,隧穿电流主要在高掺杂的p-n结区附近发生。

J_t与温度无关,即使在极低温度时也可测出。在零偏压附近由1~10 Ω·cm材料制作的硅太阳电池,注入电流为10^{-9} A/cm²,复合电流约为10^{-5} A/cm²,在低电压时复合电流要小一个数量级。所以对于宽禁带的材料或在低温、低光强时,注入电流的影响特别重要。而对于窄禁带材料或在高温、高光强时,复合电流变得更为重要。

一般太阳电池中的暗电流J_D为

$$J_D = J_0\left(e^{qV/AkT} - 1\right) \tag{4-33}$$

式中,J_0应当包括复合电流、隧穿电流中的非指数项。曲线因子A与工艺有关,在品质优良的太阳电池上,$A\approx 1$;而在劣质电池上,$A=2$以及更大。

减小暗电流和A因子的办法:①减少空间电荷区的复合能级(包括隧道态),为此必须减少重金属杂质以及其他能够作为复合中心的杂质、缺陷等出现在空间电荷区;②抑制高掺杂效应;③增加各区少子寿命;④加强漂移场减少表面复合等。

2. 高掺杂效应

开路电压V_{oc}为

$$V_{oc} = \frac{AkT}{q}\ln\left(\frac{I_L}{I_0} + 1\right) = V_D - \frac{AkT}{q}\ln\frac{I_{00}}{I_L} \tag{4-34}$$

于是可预测:基区和扩散区的掺杂浓度越高,开路电压越高,用0.01 Ω·cm的硅片可以做出V_{oc}高于0.7 V的电池。但在试验中始终未能得到,其原因即是存在"高掺杂效应"。硅中杂质浓度高于10^{18}/cm³称为高掺杂,由于高掺杂而引起的禁带收缩、少子寿命下降和杂质不能全部电离等现象统称为高掺杂效应。

(1) 禁带收缩

造成禁带收缩的主要原因有:①硅的能带边缘出现了一个能带尾态,于是禁带缩小到两个尾态边缘间的宽度。②随着杂质浓度的增加,杂质能级扩散为杂质能带。并且有可能和硅的能带相接(又称简并,杂质能带和硅能带简并),而使硅的能带延伸到杂质能带的边缘,禁带也就变小。③高浓度的杂质使晶格发生宏观应变(畸变),从而造成禁带随空间变化而使禁带缩小。

(2) 载流子寿命下降

少子寿命对于太阳电池效率极为敏感,各区中由光激发出的过剩少数载流子必须在它们通过扩散和漂移越过p-n结之前不复合,才能对输出电流有贡献。因此,希望扩散层及基区中的

少子寿命都足够长，少子寿命长，不仅可以增加光电流，而且会减少复合电流，增加开路电压，从而对效率有双重影响。一般要求扩散层及基区中少子寿命必须保证少子扩散长度大于各区厚度。

(3) 杂质不能全部电离

杂质不能全部电离，使有效掺杂浓度下降，从而使开路电压下降。如果高掺杂发生在扩散区顶部，还有更坏的影响。结深 $x_j = 0.4~\mu m$，表面处浓度约为 $5 \times 10^{20}/cm^3$，浓度分布的曲线形状严重偏离高斯分布或余误差分布。在靠近表面宽约 $1.5~\mu m$ 的一薄层内杂质浓度很高，且不随距离而变化，通常称为"死层""非活性层"。在死层中，存在着大量的填隙磷原子、位错和缺陷，少子寿命极短（远低于 1 ns），光在死层中激发出的光生载流子都无为地复合掉了。

进一步的分析指出，死层区就是高掺杂区。高掺杂区中只有部分杂质原子能够电离，已电离的杂质浓度称为有效杂质浓度 N_{eff}。

$$N_{eff} = \frac{N_D}{1 + 2e^{\Delta E_D/kT}} \tag{4-35}$$

其中，N_D 为施主杂质浓度，ΔE_D 为施主杂质电离能。当 $N_D \leq 10^{18}/cm^3$ 时，$N_D \approx N_{eff}$；当 $N_D > 10^{18}/cm^3$ 时，$N_D > N_{eff}$。太阳电池扩散层中的有效杂质分布图表明：表面浓度大于 $10^{19}/cm^3$ 时，在掺杂区的近表面处出现了一个倒向（与正常的杂质分布相反）的电离杂质分布。这种倒向分布形成一个阻止少子向 p-n 结边缘扩散的倒向电场，从而增加了少子的复合。可以认为，这个倒向电场的边缘即为"死层"的边缘。由图还可看出，$N_s = 10^{19}/cm^3$ 的高斯分布还不至于使掺杂区出现倒向电场，也可以把 $10^{19}/cm^3$ 看成是表面浓度的上限。

表 4-3 指出，照射在硅上的短波长太阳光（如蓝-紫光），在近表面约 $2~\mu m$ 处就几乎全部被吸收，而长波部分则约需 $500~\mu m$ 厚才基本被吸收完。因为任何波长的光强都是靠近表面处最强，因而表面层中吸收的光子总数，总是大于体区中同样厚度一层硅中吸收的光子总数，故表面层对任何光电池都是极为重要的。表面 $0.5~\mu m$ 的一层硅即能吸收约 9% 的太阳能（AM0、AM1 光谱）。据现行太阳电池工艺，p-n 结的结深一般为 $0.25 \sim 0.5~\mu m$，恰好表面层就是掺杂层。所以死层对于电池的性能影响很大。

表 4-3 太阳光谱在单晶硅中的穿透深度

波长间隔 $\Delta\lambda/10^{-8}$ cm	中心波长 $\lambda/10^{-8}$ cm	吸收系数 α/cm^{-1}	穿透深度 $x/10^{-4}$ cm	
			$\frac{I(x)}{I_0} = 0.5$	$\frac{I(x)}{I_0} = 0.01$
3 725 ~ 4 249（紫外光区）	4 000	6.0×10^4	0.12	0.07
4 250 ~ 4 749（紫光）	4 500	2.2×10^4	0.31	2.1
4 750 ~ 5 249（青光）	5 000	1.2×10^4	0.58	3.8
5 250 ~ 5 749（绿光）	5 500	6.8×10^3	1.0	6.8
5 750 ~ 6 249（黄光）	6 000	4.1×10^3	1.7	11
6 250 ~ 6 749（橙光）	6 500	3.0×10^3	2.3	15
6 750 ~ 7 249（红光）	7 000	2.0×10^3	3.5	23
7 250 ~ 7 749（红光）	7 500	1.5×10^3	4.6	31

续表

波长间隔 $\Delta\lambda/10^{-8}$ cm	中心波长 $\lambda/10^{-8}$ cm	吸收系数 α/cm^{-1}	穿透深度 $x/10^{-4}$ cm	
			$\frac{I(x)}{I_0} = 0.5$	$\frac{I(x)}{I_0} = 0.01$
7 750 ~ 8 249（红外光区）	8 000	1.2×10^3	5.8	38
8 250 ~ 8 749（红外光区）	8 500	9.2×10^2	7.5	50
8 750 ~ 9 249（红外光区）	9 000	6.4×10^2	11	72
9 250 ~ 9 749（红外光区）	9 500	4.5×10^2	15	100
9 750 ~ 10 249（红外光区）	10 000	2.4×10^2	29	190
10 250 ~ 10 749（红外光区）	10 500	8.2×10^1	85	560
10 750 ~ 11 249（红外光区）	11 000	1.0×10^1	690	4 600

禁带收缩减小开路电压，使本征载流子浓度增加，从而增加反向饱和电流；寿命缩短又使表面层和空间电荷区中复合电流变大，加上死层的影响，都使短路电流及效率下降。高掺杂效应的影响如图 4-9 所示。这是在给定扩散区杂质浓度以后，体区掺杂浓度与开路电压的关系。实线为未考虑高掺杂效应时的理论值，虚线为考虑高掺杂效应后的理论值。圆圈为实测到的最大值。

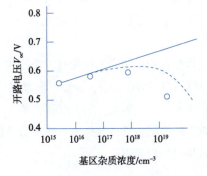

图 4-9 实测和理论预测开路电压和基区杂质浓度关系

如果基区掺杂浓度在 $10^{17}/\text{cm}^3$ 以下（$>0.1\ \Omega\cdot\text{cm}$），那么只有扩散层中存在高掺杂（$10^{19} \sim 5 \times 10^{20}/\text{cm}^3$），这样就会使得表面层和空间电荷区中产生的暗电流成为整个暗电流的主要部分，从而影响开路电压和短路电流，这是电池制作中应当重视的。

目前对于高掺杂效应的理论和实验研究正在进行中，人们希望在这方面的深入研究能为太阳电池效率的提高带来新的突破。

3. 提高效率的途径

20 世纪 70 年代以来，对于改进硅太阳电池效率的努力是多方面的，有的已经取得明显的成功，有的显示了成功的希望，这主要有以下几点：

① 紫光电池，采用 0.1 ~ 1.15 μm 浅结和 30 条/cm 精细密栅的紫电池，克服了死层，提高了电池的蓝紫光响应，AM1 效率曾达 18%。但因光刻密栅技术的难度而未能大规模推广。

② 绒面电池，依靠表面金字塔形的方锥结构，对光进行多次反射，不仅减少了反射损失，而且改变了光在硅中的前进方向并延长了光程，增加了光生载流子的产量；曲折的绒面又增加了 p-n 结面积，从而增加对光生载流子的收集率，使短路电流增加 5% ~ 10%，并改善电池的红光响应。

③ 背表面的光子反射层，在电池的背面使用光滑表面的金属底电极，可以反射到达底表面的红光，增加电池的红光响应和短路电流。

④ 优质减反射膜的选择，可提高短路电流。

⑤ 退火和吸杂，采用适当的热退火、氢退火、激光退火或杂质吸附的办法，可以提高各区的少子寿命，从而提高光电流和光电压。但在俄歇复合的高掺杂区内，寿命受热处理的影响较小。

⑥ 正面高低结太阳电池。背面高低结（BSF）电池业已投入工业生产。萨支唐等人详细分析了在常规 n^+-p 电池的扩散层引入一个 n^+-n 高低结，构成 n^+-n-p 电池以及 n^+-n-p-p^+ 电池的工作特性。并且指出：引入 n^+-n 正面高低结之后，开路电压和效率均有大幅度提高。1976 年有人用外延的方法先做 n-p 结，再用扩散或离子掺杂法做成 n^+-n-p 高低结太阳电池，在 AM1 条件下，开路电压已达 636 mV。

⑦ 理想化的硅太阳电池模型，考虑到绒面技术、背表面场技术和光学内反射等方面所取得的成绩，以及对重掺杂材料中俄歇复合和能带变窄效应的进一步了解，材料掺杂和工艺水平的提高（少子寿命的提高，表面复合速率降低），华尔夫在新的理想化的太阳电池模型下作了新的计算，预言在 AM1 的光谱（光强度 993 W/m^2）条件下，有希望获得约 25% 的最高效率。

理想化的电池模型假设有一个厚的表面层（2～4 μm），窄的耗尽区（0.05～0.06 μm）和薄的基区（50～100 μm），表面层和基区中均无静电场，表面复合均为零，正面有绒面结构，背面存在着光学内反射层。为了获得高的 V_{oc} 和 V_m 值，新电池 p 区和 n 区的掺杂浓度均低于产生高掺杂效应的极限浓度，这样就可获得最高的效率。随着半导体器件工艺的发展，上述理想的太阳电池效率已经接近。

习 题

1. 一只均匀掺杂的 p-结二极管，p 型边杂质浓度为 $10^{18}/cm^3$，n 型边杂质浓度为 $10^{16}/cm^3$。在 300 K 温度时，在下列偏置条件下计算最大电场强度、耗尽区宽度以及单位面积的结电容：(1) 零偏置；(2) 0.4 V 正向偏置；(3) 10 V 反向偏置。

2. 下面是本章分析方法的另外一个例子，它不要求过多的数学推导。考虑一只尺寸比相应的少数载流子扩散长度小得多的电池，该电池前后表面的复合速度很高，假定为无限大。在这种情况下，与表面复合相比，忽略体复合是一个很好的近似。求当光生电子-空穴对产生率 G 在电池各处都相等时该二极管的饱和电流密度和短路电流的表达式。

3. 当电池温度为 300 K 时，面积为 100 cm^2 的硅太阳电池在辐照度为 100 mW/cm^2 的光照下，开路电压为 600 mV，短路电流为 3.3 A。假设电池工作在理想状态下，其转换效率是多大？

4. (1) 一只太阳电池受到的光强为 20 mW/cm^2、波长为 700 nm 的单色光均匀照射时，如果电池材料的禁带宽度为 1.4 eV，问相应的入射光的光子通量及电池的短路电流的上限是多大？
(2) 如果禁带宽度是 2.0 eV，那么相应的短路电流是多大？

5. 当电池受到 Am1.5 入射光照时可得到短路电流密度为 40 mA/cm^2，如果 300 K 时电池的开路电压为 0.5 V，此温度下电池光电转换效率的上限是多少？

6. 一只太阳电池受到光辐照度为 100 mW/cm² 的单色光均匀照射。在 300 K 时电池的最小饱和电流密度是 10^{-8} mA/cm²。如果单色光的波长分别为（1）450 nm；（2）900 nm，试分别计算此温度下电池的光电转换效率的上限，假设每种情况下光子能量都大于材料的禁带宽度；(3) 解释所得的光电转换效率之间的差别。

7. 在 1 个太阳辐射强度和室温的条件下，某个太阳电池的短路电流密度为 J_{sc} = 28 mA/cm²，开路电压 U_{oc} = 620 mV。如果该电池工作在 100 倍聚光条件下，假设太阳电池是理想二极管，计算开路电压 U_{oc}。并提出计算需要的假设。假若计算值比实验测量值偏低，试分析可能的原因。

第 5 章

分布式太阳能光伏发电系统的组成和选型

阅读导入

分布式光伏电站最近几年在国内外应用市场得到了蓬勃发展，从 2021 年开始已经超过了集中式地面光伏电站的规模。安装一个分布式光伏电站需要哪些部件？各个部件的主要作用是什么？如何挑选光伏组件？如何挑选逆变器？MC4 接头不同的品牌之间能否互换？直流光伏电缆能否用普通的交流电缆代替？

分布式太阳能光伏发电系统又称分布式太阳能光伏电站。按安装地点不同，分为屋顶光伏电站和地面光伏电站。本章介绍分布式太阳能光伏发电系统的组成和选型。

5.1 太阳能光伏组件

太阳能光伏发电系统的核心部件由光伏组件和逆变器组成。光伏组件是把太阳光转化为电能的核心部件，相当于汽车的发动机。太阳电池的种类虽然繁多，但是目前光伏市场上应用最多的其实就两大类。一类是晶体硅太阳电池，包括单晶硅太阳电池与多晶硅太阳电池。截至目前，晶体硅太阳电池仍然占据了市场应用的 90% 以上，属于主流太阳电池。另一类是薄膜太阳电池，包括非晶硅薄膜太阳电池、铜铟镓硒薄膜太阳电池、碲化镉薄膜太阳电池、砷化镓薄膜太阳电池。

晶体硅光伏组件光电转换效率高（目前普遍在 20% 以上），光电性能稳定（20 年后光电转换效率不低于出厂时的 80%），并且日新月异的技术进步也在不断降低生产成本（截至 2022 年，晶体硅太阳能光伏组件每瓦约 2 元），所有这些使得晶体硅光伏组件占据了应用市场的 90% 以上。绝大多数应用场合都适合安装晶体硅光伏组件，包括单晶硅和多晶硅光伏组件。只有阴雨天多、散射辐射大于直射辐射的极个别地区适合安装薄膜光伏组件。

目前市场应用的光伏组件按照结构不同，可分为单玻普通组件、单玻双玻半片组件、双玻单面组件、双玻双面组件，如图 5-1 所示。玻是指制备光伏组件的上表面或者背板用的是玻璃。单玻普通组件就是上表面使用钢化玻璃，背板使用不透明的 PVC 或其他材料的普通光伏组件。半片组件指的是 36 片或者 72 片全片太阳电池切成半片太阳电池片然后把二者并联起来的组件。双玻单面组件指的是上表面和背板都使用钢化玻璃封装，然后只能上表面入射光发电的光伏组件。

第 5 章 分布式太阳能光伏发电系统的组成和选型

双玻双面光伏组件指的是上表面和背板都是钢化玻璃封装，并且组件的上表面和背板入射光都能发电的光伏组件。

（a）单玻普通组件

（b）半片光伏组件

（c）双玻双面光伏组件

图 5-1 光伏组件

单晶硅组件价格稍高，最高转换效率稍高；多晶硅组件价格稍低，最高转换效率稍低。时至今日，多晶硅和单晶硅是一个矛盾。如果追求最少的初始投资，优先考虑多晶硅组件；追求寿命周期收益最大化和度电成本，优先考虑单晶硅。为了追求最大发电量，不太考虑成本的场合，还可以考虑使用双面发电光伏组件。

图 5-2 所示为市场上应用的晶体硅太阳能光伏组件的铭牌参数表。选购光伏组件时一定要读懂该表。

Maximum Power——最大功率。光伏组件最核心的参数，功率越大，标准条件下单位时间发电量越大。市场上一般光伏组件的价格是按照功率（单位是瓦）来计算的。

Open Circuit Voltage——开路电压。光伏组件最大的电压。

Short Circuit Current——短路电流。

Maximum Power Voltage——最佳工作电压。

Maximum Power Current——最佳工作电流。

Normal Operating Cell Temp——太阳电池正常工作温度。

Temp. Coefficient（Voc）——开路电压温度系数。

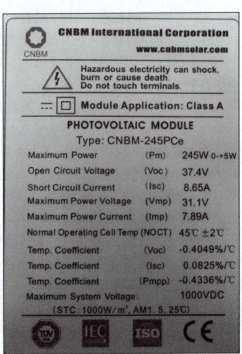

图 5-2 光伏组件铭牌参数表

Temp. Coefficient（Isc）——短路电流温度系数。

Temp. Coefficient（Pmpp）——输出功率温度系数。

Maximum System Voltage——组件最大耐受电压。

STC：1 000 W/m^2，AM1.5，25 ℃——标准测试条件（以上参数均在此条件下测量得到）。

TUV、IEC、ISO、CE是四种权威的产品认证。

作为实际应用，太阳能光伏组件的额定功率决定了发电量。而太阳电池片的能量转化效率则是衡量电池片制造技术的核心参数。同样面积的电池片制造成组件，能量转换效率高的电池片做出来的太阳能光伏组件额定功率高，或者说同样的额定功率，能量转换效率高的电池片所需要的面积少。这就是为何光伏组件说明书一般不标明所用电池片的转换效率。

光伏组件的选型依据以下原则：

① 光伏组件最好选择品牌大厂生产的市场主流的组件。尽量选择成熟的经过市场认可的光伏组件，不要一味地选择新出的产品。结合市场流行趋势，以便于批量采购。

② 尽量选择大尺寸和高效率的产品。效率相近而规格不同的组件单瓦价格基本相同，选择大尺寸组件在组件安装费用、组件间的连接线缆数量和线路损耗能比小尺寸组件有所降低。相同排列方式下大尺寸组件的支架和基础成本也会略有降低。

③ 光伏组件的尺寸及功率选择还要考虑到搬运安装等。尺寸过大的组件对于搬运和安装要求会自然升高。

5.2 逆 变 器

太阳能光伏组件把入射太阳光转换为电能，但是输出的是直流电。而目前大部分负载是交流负载。太阳能光伏发电系统要通过逆变器把光伏组件输出的直流电逆变为交流电。对逆变器基本的要求是：①能输出一个电压稳定的交流电；②能输出一个频率稳定的交流电；③输出的电压和频率可以调节；④具有一定的过载能力；⑤能输出电压波形含谐波成分应尽量少；⑥具有短路、过载、过热、过电压、欠电压等保护功能；⑦启动平稳，启动电流小，运行稳定可靠；⑧换流损失小，逆变效率高，一般在90%以上；⑨具有快速的动态响应。

逆变器按照运行方式，可以分为独立运行逆变器和并网逆变器。独立运行逆变器应用于独立运行的太阳能发电系统，为独立负载供电。并网逆变器用于并网运行的太阳电池发电系统，将发出的电能馈入电网。逆变器按输出的波形可分为方波逆变器和正弦波逆变器。方波逆变器电路简单，造价低，但是谐波分量大，一般应用几百瓦以下和对谐波要求不高的系统。正弦波逆变器成本高，但可以适用于各种负载。从长远看，正弦波逆变器将成为发展主流。按照容量大小，逆变器分为组串式逆变器、组件式逆变器、双向储能逆变器和集中式逆变器。

组串式逆变器具有不需要汇流箱、安装方便、便于维护等优点，近年来逐步被很多人关注。组串式光伏逆变器，功率范围10～130 kW，可用于大型电站、住宅型屋顶和一些小型商业屋顶。图5-3所示为常用的组串式光伏逆变器。图5-4所示为集中式光伏逆变器。

第5章 分布式太阳能光伏发电系统的组成和选型

图5-3 组串式光伏逆变器

图5-4 集中式光伏逆变器

选择逆变器应选择质量可靠，效率高，工作范围宽，输出杂波小，保护、显示功能齐全的逆变器，见表5-1，容量在8 kW以下选用单相组串式逆变器；容量在8~500 kW选用三相组串式逆变器；500 kW以上根据实际情况选用组串式逆变器或集中式逆变器。

表5-1 逆变器的选型

系统容量	逆变器选择	选择说明
小于8 kW	单相组串式逆变器	单相三线
8~500 kW	三相组串式逆变器	三相四线
500 kW以下	组串式逆变器	500 kW以下系统，组串式逆变器与集中式逆变器成本相差不大，但组串式逆变器发电量能提高5%~10%
500 kW~2 MW	组串式逆变器	这个容量区间的系统，选用组串式逆变器比集中式逆变器成本高5%，但组串式逆变器发电量要高5%~10%，系统总体收益好
2~6 MW	日照均匀的地面电站用集中式逆变器，屋顶类等用组串式逆变器	根据实际安装场地选择
6 MW以上	集中式逆变器	集中式逆变器能更好地适应电网的要求

图5-5和图5-6分别为组串式逆变器和集中式逆变器的连接方式。

集中式逆变器安装数量少、便于管理、电网接入友好、后期维护少，适用于大型地面、沙漠电站；组串式逆变器接线灵活、效率较高、安装方便，适用于中小型、分布式及建筑一体化等系统。宜集中就集中、宜组串就组串、宜组合就组合。

并网逆变器具有以下发展趋势：高效率、大功率、智能化和适应性。集中式最大单机容量2.5 MW；组串式最大215 kW。功率加大，质量体积缩小。新型开关器件、新型拓扑的应用，最高效率达99%，系统电压达1 500 V。对电网适应能力加强，漏电流保护、SVG功能、LVRT、直流分量保护、绝缘电阻检测保护、PID 保护、防雷保护、光伏组件正负极接反保护等不断完善。沿海、沙漠、高原等恶劣环境适应性强。

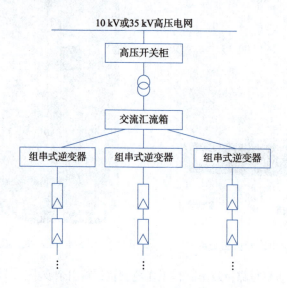

图 5-5　组串式逆变器连接方式

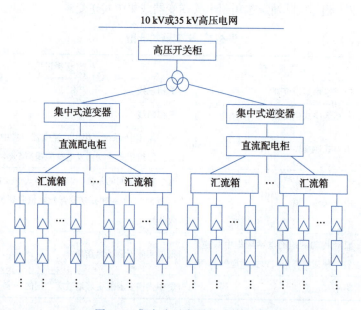

图 5-6　集中式逆变器的连接方式

5.3　直流汇流箱

户用小型的光伏发电系统光伏组件串数目少，不需要直流汇流箱。但是对于中大型并网发电系统，由于光伏方阵大，输出的直流线路多，所以线缆通过光伏直流汇流箱（见图 5-7）集中输入、分组连接后汇并成一路输入到逆变器。通过汇流箱连接方便检查维护、分部检修，提高可靠性。再大型的系统，还需要直流配电柜进行二次、三次汇流。

根据汇流箱是否带有监控功能可以将汇流箱分为普通汇流箱和智能汇流箱。普通汇流箱只具有汇流+防雷的功能，智能汇流箱则还能监测光伏组串的运行状态，检测光伏组串汇流后的电流、电压、防雷器状态，箱体内温度状态等信息。另外，光伏汇流箱一般都标配有 RS-485 接口，可以把测量和采集到的数据上传到监控系统。

图 5-7　光伏直流汇流箱

5.4　交流汇流箱

在组串式光伏系统中，交流汇流箱（见图 5-8）承接组串逆变器输出与交流配电柜或升压变压器输入，可以把多路逆变器输出的交流电汇集后再输出，简化组串式逆变器与交流配电柜或升压变压器之间的连接线。交流汇流箱的接入，作为逆变器的输出断开点，可以保护逆变器免受来自交流电网的危害，提高系统的安全性，保护安装维护人员的安全。

图 5-8　光伏交流汇流箱

5.5　并网配电箱

光伏并网配电箱（见表 5-9）主要用 400 kW 以下的分布式光伏发电系统与交流电网的并网连接和控制。并网配电箱有明显断开点的开关，有过欠电压保护功能和漏电保护功能，有防雷浪涌保护和并网发电量计量等功能。

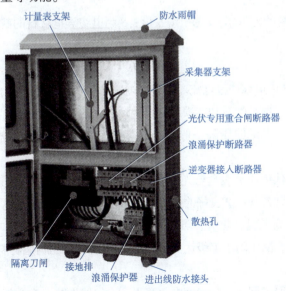

图 5-9　光伏并网配电箱

5.6 光伏线缆及连接器

光伏直流线缆（见图 5-10）及连接器负责光伏组件与逆变器之间的输电连接。它的基本技术要求有：①使用温度 -40 ~ +90 ℃；②参考短路允许温度 5 s 内达到 200 ℃；③绝缘及护套材料高温下使用不融化、不流动；④耐热、耐寒、耐磨、抗紫外线、耐臭氧、耐水解；⑤有较高的机械强度，防水、耐油、耐化学药品；⑥柔软易脱皮、高阻燃。此外，选用的光伏线缆还应通过 TUV、UL 等产品质量认证。

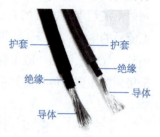

图 5-10 光伏直流电缆

光伏发电系统中使用的线缆，因为使用环境和技术要求不同，对不同部件的连接有不同的要求，总体要考虑的因素有线缆的导电性能、绝缘性能、耐热阻燃性能、抗老化抗辐射性能及线径规格（截面积）及线路损耗等。同时在系统设计安装过程中，还应优化设计，采用合理的电路分布结构，使线缆走向尽量短且直，最大限度降低线路损耗电压，减少施工难度，实现光伏发电电能的最大利用率和线缆投入成本的最小化。

普通塑料或橡胶护套线不能用于光伏户外电缆。普通电缆外绝缘不能满足阳光紫外线的暴晒，老化速度很快，容易产生龟裂甚至破损，导致对地短路或漏电，轻则引起逆变器停止工作，严重的甚至会引起短路打火，引起火灾。

当今有一种采用铝合金材料的新型电力线缆。具有良好的机械性能、电性能和经济性。截面积提高到铜线缆截面积的 150% 时，电气性能与铜线缆基本一致。相同载流量的铝合金线缆，成本比铜线缆节省约 2/3。

交直流电缆通常要计算电阻，进而计算通过工作电流时的电压降。电缆电阻的计算公式为

$$R = \frac{\rho \cdot l}{S}$$

式中，ρ 为电缆导电材料的电阻率；l 为电缆长度；S 为电缆导电材料的截面积。通过工作电流时的电压降为

$$U = RI$$

式中，R 为电缆电阻；I 为电缆通过电流。电缆的电压降和功率损耗尽可能小。

按照光伏设计规范，电缆的总功率损耗占总传输功率的百分比 <2%（使用各种线径的总电缆长度计算线损累加）。电缆的压降一般要求逆变器输出到变压器的电压降不超过额定电压的 2%。

光伏连接器负责光伏组件接线盒与光伏直流电缆之间的连接。光伏连接器的主要技术要求有：①简单、安全的安装方式；②良好的抗机械冲击性能；③大电流、高电压承载能力；④较低的接触电阻；⑤卓越的高低温、防火、防紫外线等性能；⑥强力的自锁功能，满足拔脱力的要求；⑦优异的密封设计，防尘防水等级达到 IP67；⑧选用优良的树脂材料，能满足 UL94-V0 阻燃等级。

因为连接器引发了很多问题，如接触电阻变大、连接器发热、寿命缩短、接头起火、连接器

烧断、组件串断电、接线盒失效、组件漏电等，轻则影响发电效率，增加维护工作量，重则造成工程返工、组件更换，甚至酿成火灾。连接器成本低、用量大但不是简单的插头、插座，不同品牌不准互换互插。图5-11所示为光伏连接器。

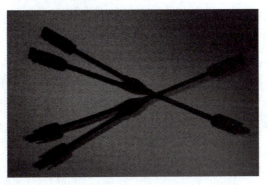

图5-11　光伏连接器

5.7　光伏支架及基础

光伏组件要固定在支架上，支架必须要有足够的配重基础去固定支架。目前，光伏用基础主要有混凝土预埋件基础、混凝土配重块基础、螺旋地桩基础、直埋式基础、混凝土预制桩基础和地锚式基础，如图5-12所示。

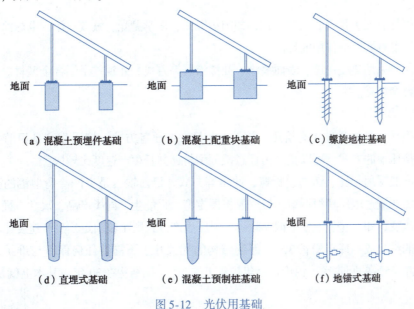

图5-12　光伏用基础

单个配重块一般用于较平整地面或建筑平屋顶上。底座尺寸一般为40 cm×40 cm～80 cm×80 cm，高度为20～40 cm。单个基础的质量应为50～200 kg。条形配重基础桩径为35 cm×35 cm～40 cm×40 cm，地面埋深大于20 cm。

光伏支架作为光伏电站的重要组成部分，其承载着光伏电站的发电主体。支架的选择直接影响着光伏组件的运行安全、破损率及建设投资,选择合适的光伏支架不但能降低工程造价,也会减少后期养护成本。

根据光伏支架主要受力杆件所采用材料的不同,可将其分为铝合金支架、钢支架以及非金属支架,其中非金属支架使用较少,而铝合金支架和钢支架各有特点。

支架一般采用 Q235B 钢材与铝合金挤压型材 6063 T6,强度方面,6063 T6 铝合金大概为 Q235B 钢材的 68%~69%,所以一般在强风地区、跨度比较大等情况下钢材优于铝合金型材。

结构的挠度变形与型材的形状尺寸、弹性模量(材料固有的一个参数)有关系,与材料的强度没有直接联系。在同等条件下,铝合金型材变形量是钢材的 2.9 倍,质量是钢材的 35%,造价方面,在同等质量下,铝合金型材是钢材的 3 倍。所以一般在强风地区、跨度比较大、造价等条件下,钢材优于铝合金型材。

目前支架主要的防腐蚀方式:钢材采用热浸镀锌 55~80 μm;铝合金型材采用阳极氧化 5~10 μm。

铝合金在大气环境下,处于钝化区,其表面形成一层致密的氧化膜,阻碍了活性铝基体表面与周围大气相接触,故具有非常好的耐腐蚀性,且腐蚀速率随时间的延长而减小。

钢材在普通条件下(C1~C4 类环境),80 μm 镀锌厚度能保证使用 20 年以上,但在高湿度工业区或高盐度海滨甚至温带海水中则腐蚀速度加快,镀锌量需要 100 μm 以上并且需要每年定期维护。

在防腐蚀方面铝合金型材远远优异于钢材。

(1) 外观

铝合金型材有很多种表面处理方式,如阳极氧化、化学抛光、氟碳喷涂、电泳涂漆等。外表美观并能适应各种强腐蚀作用的环境。

钢材则一般采用热浸镀锌、表面喷涂、油漆涂层等方式。外观差于铝合金型材。在防腐蚀方面也差于铝合金型材。

(2) 截面多样性

铝合金型材一般加工方式有挤压、铸造、折弯、冲压等方式。挤压生产是目前主流生产方式,通过开挤压模的方式,可以生产出任意截面型材,并且生产速度比较快。

钢材则一般采用辊压、铸造、折弯、冲压等方式。目前辊压是生产冷弯型钢的主流生产方式。截面则需要通过辊压轮组调节,但一般机器定型后只能生产同类产品,尺寸方面调节,而截面形状无法改变,如 C 型钢、Z 型钢等截面。辊压生产方式则比较固定,生产速度比较快。

钢结构的维护成本每年增长 3%,而铝结构的支架几乎不需要任何保养与维护,且铝材在 30 年后依然有 65% 的回收率,铝价格每年预计上涨 3%,钢结构在 30 年后基本上就是一堆废铁,无回收价值。

① 铝合金型材质量小、外表美观、防腐蚀性能极佳,一般用于对承重有要求的家庭屋顶电站、强腐蚀环境。

② 钢材强度高、承受荷载时挠度变形小,一般用于普通电站或用于受力比较大的部件。

③ 造价方面:一般情况下,基本风压在 0.6 kN/m^2,跨度在 2 m 以下,铝合金支架造价为钢结构支架的 1.3~1.5 倍。在小跨度体系中,(如彩钢板屋顶)铝合金支架与钢结构支架造价相

差比较小，并且在质量方面铝合金比钢支架要小很多，所以非常适合用于家庭屋顶电站。

按照安装方式不同，根据倾角设定情况可以分为：最佳倾角固定式、斜屋面固定式和倾角可调固定式，如图5-13所示。

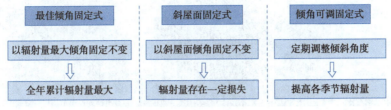

图5-13 支架安装方式

5.7.1 最佳倾角固定式

先计算出当地最佳安装倾角，而后全部阵列采用该倾角固定安装，目前在平顶屋面电站和地面电站广泛使用。平顶屋面电站包括混凝土基础支架和混凝土压载支架。地面电站包括混凝土基础支架和金属桩支架。

1. 平顶屋面混凝土基础支架

平顶屋面混凝土基础支架是目前平顶屋面电站中最常用的安装形式，根据基础的形式可以分为条形基础和独立基础；支架支撑柱与基础的连接方式可以通过地脚螺栓连接或者直接将支撑柱嵌入混凝土基础。其优点是抗风能力好，可靠性强，不破坏屋面防水结构。缺点是需要先制作好混凝土基础，并养护到足够强度才能进行后续支架安装，施工周期较长。混凝土基础支架如图5-14所示。

（a）平顶屋面条形混凝土基础支架　　（b）地脚螺栓连接　　（c）直接嵌入基础

图5-14 混凝土基础支架

2. 平顶屋面混凝土压载支架

平顶屋面混凝土压载支架（见图5-15）的优点是施工方式简单，可在制作配重块的同时进行支架安装，节省施工时间。其缺点是混凝土压载支架抗风能力相对较差，设计配重块质量时需要充分考虑当地最大风力。

3. 地面电站混凝土基础支架

地面电站混凝土基础支架多种多样，根据不同的项目地质情况，可选择对应的安装方式，下面介绍现浇钢筋混凝土基础、独立及条形混凝土基础、预制混凝土空心柱基础等常见混凝土基础安装形式。

图 5-15　平顶屋面混凝土压载支架

(1) 现浇钢筋混凝土基础

根据基础形式不同,现浇钢筋混凝土基础可分为现浇混凝土桩和浇注锚杆。其优点是现浇钢筋混凝土基础开挖土方量少,混凝土钢筋用量小,造价较低、施工速度快。缺点是现浇钢筋混凝土基础施工易受季节和天气等环境因素限制,施工要求高,一旦做好后无法再调节。图 5-16 所示为现浇钢筋混凝土基础。

(a) 直接嵌入基础　　　　　　　(b) 地脚螺栓连接　　　　　　　(c) 浇注锚杆

图 5-16　现浇钢筋混凝土基础

(2) 独立及条形混凝土基础

独立及条形混凝土基础的优点是采用配筋扩展式基础,施工方式简单,地质适应性强,基础埋置深度相对较浅。缺点是独立及条形混凝土基础工程量大,所需人工多,土方开挖及回填量大,施工周期长,对环境的破坏大。图 5-17 所示为独立及条形混凝土基础。

(a) 独立混凝土基础　　　　　　　　　　　(b) 条形混凝土基础

图 5-17　独立及条形混凝土基础

(3) 预制混凝土空心柱基础

预制混凝土空心柱基础广泛用于水光互补电站、滩涂地电站等地质条件较差的电站。同时由于基础高度优势，也被较多用于山地电站以及农光互补电站。图 5-18 所示为预制混凝土空心柱基础支架。

（a）水光互补电站

（b）山地电站

图 5-18　预制混凝土空心柱基础支架

4. 地面电站金属桩支架

金属桩支架在地面电站中应用同样非常广泛，主要可分为螺旋桩基础支架和冲击桩基础支架。

(1) 螺旋桩基础支架

螺旋桩基础支架根据是否带法兰盘可分为带法兰盘螺旋桩支架和不带法拉盘螺旋桩支架；根据子叶形状可分为窄叶连续型螺旋桩支架和宽叶间隔型螺旋桩支架。图 5-19 所示为螺旋桩基础支架。

（a）带法兰盘螺旋桩支架

（b）不带法兰盘螺旋桩支架

图 5-19　螺旋桩基础支架

带法兰盘的螺旋桩可用于单柱安装或双柱安装，而不带法兰盘的螺旋桩一般只用于双柱安装。

(2) 冲击桩基础支架

冲击桩基础支架又称金属纤杆基础支架，主要是利用打桩机直接将 C 型钢、H 型钢或其他结构钢打入地面，这种安装方式非常简单，但抗拉拔性能较差。其优点是对于金属桩基础，用打桩机把钢桩打入土中，无须开挖地面，更环保；不受季节气温等限制，可在包括北方冬季的各种气候条件下实施；施工快捷方便、大幅缩短施工周期，能方便迁移及回收；打桩过程中基础便于调节高度。缺点是在土质坚硬地区打桩很困难；在含碎石较多地区打桩容易破坏镀锌层；在盐碱地区使用抗腐蚀能力较差。图 5-20 所示为冲击桩基础支架。

图 5-20　冲击桩基础支架

5.7.2　斜屋面固定式

考虑到斜屋面承载能力一般较差，在斜屋面上组件大都直接平铺安装，组件方位角及倾角一般与屋面一致。根据斜屋面的不同，可分为瓦片屋顶安装系统与轻钢屋顶安装系统。

1. 瓦片屋顶安装系统

瓦片屋顶安装系统主要由挂钩、导轨、压块以及螺栓等连接件组成，如图 5-21 所示。

（a）挂钩　　　　　　（b）导轨　　　　　　（c）压块

图 5-21　瓦片屋顶支架配件

2. 轻钢屋顶安装系统

轻钢屋顶又称彩钢瓦屋顶，主要用于工业厂房、仓库等。根据彩钢瓦形式不同，可以将其分为角弛型轻钢屋顶、直立锁边型轻钢屋顶以及梯形轻钢屋顶。图 5-22 所示为轻钢屋顶支架配件。

角弛型轻钢屋顶和直立锁边型轻钢屋顶主要通过夹具作为连接件，将导轨固定在屋面上，而梯形轻钢屋顶需要采用自攻螺栓将连接件固定在屋面上。

不管哪一种屋面形式，在选择连接件时一定要进行实地测量"角弛""直立锁边""梯形"尺寸，确保连接件和屋面匹配，而在梯形轻钢屋顶支架安装时还要做好防水措施，避免螺栓钻孔处发生漏水。

(a)角驰型彩钢瓦　　　　　(b)直立锁边型彩钢瓦　　　　(c)梯形彩钢瓦

图 5-22　轻钢屋顶支架配件

5.7.3　固定倾角可调式

固定倾角可调式是指在太阳入射角变化转折点，定期调节固定式支架倾角，增加太阳光直射吸收，在成本略增加的情况下提高发电量。图 5-23 所示为固定倾角可调式。

(a)推拉杆式可调支架　　　　　　　　　(b)圆弧式可调支架

(c)千斤顶式可调支架　　　　　　　　　(d)液压式可调支架

图 5-23　固定倾角可调式

5.7.4　跟踪式光伏支架

跟踪式光伏支架通过机电或液压装置使光伏阵列随着太阳入射角的变化而移动，从而使太阳光尽量直射组件面板，提高光伏阵列发电能力。根据追踪轴数量可分为：单轴追踪系统和双轴追踪系统，如图 5-24 所示。

1. 平单轴跟踪系统

光伏方阵可以随着一根水平轴东西方向跟踪太阳，以此获得较大的发电量，广泛应用于低纬度地

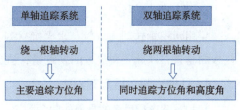

图 5-24　跟踪式光伏支架分类

区。根据南北方向有无倾角可分为标准平单轴跟踪式和带倾角平单轴跟踪式。图 5-25 所示为平单轴跟踪支架。

（a）标准平轴跟踪式

（b）带倾角平单轴跟踪式

图 5-25　平单轴跟踪支架

2. 斜单轴跟踪系统

追踪轴在东西方向转动的同时向南设置一定倾角，围绕该倾斜轴旋转追踪太阳方位角以获取更大的发电量，适合应用于较高纬度地区。图 5-26 所示为斜单轴跟踪支架。

图 5-26　斜单轴跟踪支架

3. 双轴跟踪系统

采用两根轴转动（立轴、水平轴）对太阳光线实时跟踪，以保证每一时刻太阳光线都与组件板面垂直，以此获得最大的发电量，适合在各个纬度地区使用。图 5-27 所示为双轴跟踪支架。

4. 几种支架运行方式对比

几种支架应用最多的是最佳倾角固定，成本最低，可靠性最好。不必考虑成本与占地面积，对发电量要求高的可以采用平单轴固定或者斜单轴、双轴跟踪。表 5-2 列出了几种支架运行方式对比。

第 5 章　分布式太阳能光伏发电系统的组成和选型

图 5-27　双轴跟踪支架

表 5-2　几种支架运行方式对比

类型		成本/（元/瓦）	发电量增益/%	占用面积/%	可靠性
最佳倾角固定		0.45~0.5	100	100	好
平单轴	标准平单轴	1~1.4	110~115	100	较好
	斜单轴	1.45~1.8	115~120	110~120	较好
斜单轴跟踪		1.5~2	120~125	140~150	较差
双轴跟踪		2.8~3.5	130~140	>180	差

习　题

1. 目前光伏组件有哪几种？光伏组件选型时要考虑哪些因素？半片组件与全片组件相比，优势在哪里？
2. 逆变器分为哪两类？逆变器的选型要考虑哪些因素？
3. 直流电缆与交流电缆有何区别？能否用普通交流电缆替换直流电缆？
4. 光伏连接器的作用是什么？能否用不同品牌的连接器互连？
5. 光伏支架是如何分类的？各个种类适合什么样的情景？

第 6 章 分布式光伏发电站的设计

阅读导入

常见分布式光伏发电系统类型包括平屋顶、瓦斜屋顶、彩钢屋顶、平地面、山坡面、光伏车棚、BIPV 阳光屋顶、农业大棚、渔光互补等应用形式。一个光伏电站要想发挥出最佳的效率，除了设备质量上乘、选型合理以外，光伏电站的设计也是不可缺少的重要环节。光伏电站的设计就像计算机的软件一样，对于发挥硬件的最佳性能也是至关重要的。而实际工程中，由于光伏电站的设计存在问题，导致不能发挥光伏设备最佳性能的例子不胜枚举，个别的会造成光伏电站长期低效率工作，更有甚者会导致产生火灾等严重安全事故。所以，光伏电站的设计应该引起充分的重视。

上海电力大学太阳能研究所杨金焕教授是中国光伏研究的元老之一。他为光伏电站设计研究做出了重要贡献。他多次呼吁国内光伏应用端一定要高度重视光伏电站的设计工作。他曾经指出，太阳电池及组件提高 0.1% 的转换效率都是非常困难的一件事，但是光伏应用端由于设计不当造成发电系统的效率超过 10% 的浪费比比皆是。这个是应该引起高度重视的。能源的浪费与粮食的浪费一样也是一种浪费。

6.1 光伏发电站设计原则、容量计算与选址

6.1.1 光伏发电站设计原则

按照国家标准《光伏发电站设计规范》（GB 50797—2012），光伏发电站设计应综合考虑日照条件、土地和建筑条件、安装和运送条件等因素，并应满足安全可靠、经济合理、环保、美观、便于安装和维护等要求。具体来讲光伏发电站设计总体要求如下：

① 安全性。安全可靠、技术先进、经济合理、维修方便，系统稳定运行，安全无隐患。

② 美观性。要求光伏电站与地形地貌、建筑结构协调统一；不改变地形地貌、建筑风格的前提下，确定光伏电站的面积和容量，选择尺寸合适的光伏组件。

③ 高效性。方案设计优化；部件配置恰当；方位角、倾斜角最佳；组件高效；线路损耗最小。

④ 经济性。调整优化布局；合理选用材料设备；在设计中消除浪费；设备部件通用性好、能互换。

6.1.2 光伏发电站选址

光伏发电站不可以建在耕地、林地上。选址时一定要注意避免、防范泥石流、山洪、沙尘暴、地震、积雪、雷电、盐害、水源等危险因素。充分评估项目场址的水文、气象、地形和历年降水及山洪发生情况，建设防洪工程。

选址还要查询该处的太阳能辐射资源。我国太阳能辐射资源按照辐射量分五类，见表6-1。一、二、三、四类地区都适合建设光伏发电站。同样的光伏发电站容量，实际年发电量从一类到四类逐渐减小。不同类的地区，光伏发电的上网电价也不一样。

表6-1 我国太阳能辐射资源按照辐射量分类

地区类型	年日照时数/(h/a)	年辐射总量/(MJ/m²·a)	包括的主要地区	备注
一类	3 200 ~ 3 300	6 680 ~ 8 400	宁夏北部，甘肃北部，新疆南部，青海西部，西藏西部	太阳能资源最丰富地区
二类	3 000 ~ 3 200	5 852 ~ 6 680	河北西北部，山西北部，内蒙古南部，宁夏南部，甘肃中部，青海东部，西藏东南部，新疆南部	较丰富地区
三类	2 200 ~ 3 000	5 016 ~ 5 852	山东，河南，河北东南部，山西南部，新疆北部，吉林，辽宁，云南，陕西北部，甘肃东南部，广东南部	中等地区
四类	1 400 ~ 2 000	4 180 ~ 5 016	湖南，广西，江西，浙江，湖北，福建北部，广东北部，陕西南部，安徽南部	较差地区
五类	1 000 ~ 1 400	3 344 ~ 4 180	四川大部分地区，贵州	最差地区

6.1.3 光伏发电站容量的确定

分布式光伏发电站的容量一方面要根据业主的负载需要来确定，光伏发电量尽可能多地被业主就地消耗掉，提高收益率；另一方面分布式光伏电站的容量也要受到能安装的屋顶或者地面面积的限制。对于晶体硅光伏组件，每平方米的占地面积能安装 65 ~ 100 W 的容量。比如安装 10 kW 的容量需要占地面积为 100 ~ 153 m²。要安装 200 MW 的容量，需要占地 2 ~ 3.08 km²。对于薄膜电池组件（如非晶硅），每平方米容量为 22 ~ 40 W。

6.2 光伏方阵的朝向与倾斜角

光伏方阵的朝向与倾斜角是光伏方阵安装设计最重要的参数。上海电力学院太阳能研究所杨金焕教授对光伏系统太阳电池方阵的安装和设计研究较为系统。他研究得出结论：确定光伏方阵的倾角大小是优化设计的重要步骤，不同类型的光伏系统，其方阵的最佳倾角的确定方法也不一样。对于离网独立光伏系统，情况比较复杂，有些文献提出光伏方阵的安装倾角由以下方法确定：

纬度 25°~0°，倾角等于纬度；

纬度 26°~40°，倾角等于纬度加 5°~10°；

纬度 41°~55°，倾角等于纬度加 10°~15°；

纬度 >55°，倾角等于纬度加 15°~20°。

也有文献提出：在我国南方地区，方阵倾角可比较当地纬度增加 10°~15°；在北方地区倾角可比较当地纬度增加 5°~10°，纬度较大时，增加的角度可小些。在青藏高原，倾角可大致等于当地纬度。实际上，即使纬度相同的两个地方，其太阳辐照量及其组成往往也相差很大，如拉萨（纬度是 29°41′）和重庆（纬度是 29°23′），两地区纬度基本相同，仅相差 0.05°，而水平面上的太阳辐照量却要相差一倍以上，而且拉萨地区的太阳直射辐照量占总辐照量的 67.7%，而重庆地区的直射辐照量只占 33.8%，显然加上相同的度数作为方阵倾角是不妥当的。

有些文献不管光伏系统的类型和负载的实际情况，列出了一些城市的倾斜面的最佳倾角，这也是不妥当的。确定太阳电池方阵的最佳倾角，首先要分析不同类型负载的情况。对于为均衡性（即负载每天的耗电量基本相同）负载供电的离网光伏系统方阵的最佳倾角，要综合考虑方阵面上接收到太阳辐照量的均衡性和极大性等因素，要经过反复计算，比较各种不同倾角所需配置的太阳电池方阵和蓄电池容量的大小，才能得到既符合要求的蓄电池维持天数，又能使所需要的太阳电池方阵容量最小所对应的方阵倾角。计算发现，即使其他条件一样，对于不同的蓄电池维持天数，要求的系统累计亏欠量不一样，其相应的方阵最佳倾角也不一定相同。另外一类是季节性负载，最典型的是光控太阳能光伏照明系统，这类系统的负载每天工作时间随着季节而变化，其特点是以自然光线的强弱来决定负载工作时间的长短。冬天时负载耗电量大，所以设计时要考虑照顾冬天，使得冬天时倾斜面上得到的辐照量增大，因此所对应的最佳倾角应该比为均衡性负载供电方阵的倾角大。至于随机性负载，则应根据具体情况，原则上是选取方阵倾角使得用电量多的月份能接收到比较多的太阳辐照量。

对于并网光伏系统方阵倾角的确定比较简单，由于所产生的电能可以全部输入电网，得到充分利用，因此，只要使得方阵面上全年能接收到最大辐照量即可。对于某个地点，只要掌握了当地的太阳辐照量数据，即可确定在该地区安装并网光伏系统的方阵最佳倾角，在我国除了极个别地区，并网光伏系统方阵的最佳倾角都要小于当地纬度。

总之，方阵安装倾角大体规律是：对于同一地点，并网光伏系统的方阵倾角最小；其次是为均衡负载供电的离网光伏系统；而为光控负载供电的离网光伏系统，由于冬天耗电量大，方阵的最佳倾角也最大。表 6-2 列出了全国部分省会城市并网光伏电站的最佳倾角、峰值日照小时数和每瓦年平均发电量等。

第6章 分布式光伏发电站的设计

表6-2 全国部分省会城市并网光伏电站的最佳倾角、峰值日照小时数和每瓦年平均发电量

地区	省份	城市	最佳倾角/(°)	峰值日照时数 h/day	每瓦首年发电量 (kW·h)/W	年有效利用小时数/h
直辖市	直辖市	北京	35	4.21	1.214	1 213.95
		上海	25	4.09	1.179	1 179.35
		天津	35	4.57	1.318	1 317.76
		重庆	8	2.38	0.686	686.27
东北地区	黑龙江省	哈尔滨	40	4.3	1.268	1 239.91
	吉林省	长春	41	4.74	1.367	1 366.78
	辽宁省	沈阳	36	4.38	1.264	1 262.97
华北地区	河北省	石家庄	37	5.03	1.453	1 450.40
	山西省	太原	33	4.65	1.341	1 340.83
	内蒙古	呼和浩特	35	4.68	1.349	1 349.48
华中地区	河南省	郑州	29	4.23	1.22	1 219.72
	湖南省	长沙	20	3.18	0.917	916.95
	湖北省	武汉	20	3.17	0.914	914.07
西南地区	四川省	成都	16	2.76	0.798	795.85
	云南省	昆明	25	4.4	1.271	1 268.74
	贵州省	贵阳	15	2.95	0.852	850.63
	西藏	拉萨	28	6.4	1.845	1 845.44
西北地区	新疆	乌鲁木齐	33	4.22	1.217	1 216.84
	陕西省	西安	26	3.57	1.029	1 029.41
	宁夏	银川	36	5.06	1.459	1 459.05
	青海省	西宁	34	4.7	1.355	1 355.25
华南地区	广东省	广州	20	3.16	0.91	911.19
	广西省	南宁	14	3.62	1.044	1 043.83
	海南省	海口	10	4.33	1.25	1 248.56
华东地区	江苏省	南京	23	3.71	1.07	1 069.78
	浙江省	杭州	20	3.42	0.988	986.16
	山东省	济南	32	4.27	1.231	1 231.25
	江西省	南昌	16	3.59	1.036	1 035.18
	安徽省	合肥	27	3.69	1.064	1 064.01

6.3 光伏方阵的串、并联计算

光伏方阵是由一个个光伏组件串联成组件串,如图6-1所示,然后把组件串并联起来组成的。把组件的正极接到下一个组件的负极,少则几个组件多则几十个组件串联成一个组件串。串联时电流不变,电压相加,组件串的电压和输出功率分别是每个组件的电压与输出功率之和。组

件串的电流等于单个光伏组件的电流。

把光伏组件（或者组件串）的正极与正极连接在一起，负极与负极连接在一起，少则几块组件（或者组件串）多则几十个组件（或者组件串）并联成组件方阵，如图6-2所示。并联时组件的输出电压不变，而输出电流等于各个组件（或者组件串）的电流之和。并联时输出电流和输出功率等于各个组件（或者组件串）的电流和功率之和。电压不变，等于单个组件（或组件串）的工作电压。

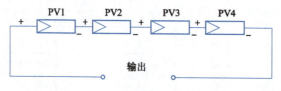

图6-1　光伏组件的串联　　　　　　　图6-2　光伏组件的并联

光伏组件的工作温度越高，发电效率就会越低。光伏组件的负温度效应是影响光伏组件发电功率的一个重要因素。在25 ℃的标准条件下，光伏组件的开路电压温度系数是 -0.34%/℃，短路电流温度系数是 -0.055%/℃，也就是说环境温度低于25 ℃时，开路电压会升高，短路电流会减小。由于光伏组件的测试标准条件是太阳辐射1 000 W/m²；电池温度25 ℃，而在实际应用的自然环境中，这个标准条件是很难达到的，在环境温度为25 ℃的晴朗中午，地面太阳能辐射达到1 000 W/m²左右，而此时的开放式支架的光伏组件板温一般将达到50~60 ℃，这将导致晶硅光伏组件的输出功率下降10%~13%。

首先，组件串的电压要小于逆变器的最大直流输入电压。所以串联的组件数目 N 要满足

$$N < \frac{逆变器的最大直流输入电压}{组件的标称开路电压 \times [1 + 组件的开路电压温度系数 \times (使用环境最低温度 - 25)]}$$

(6-1)

其次，组件串联后的最大工作电压必须在逆变器的MPPT工作电压范围之内。所以，串联的组件数目 N 还要满足

$$N < \frac{逆变器MPPT最小输入电压}{组件的标称最佳工作电压 \times [1 + 组件的工作电压温度系数 \times (使用环境最低温度 - 25)]}$$

(6-2)

并且

$$N > \frac{逆变器MPPT最大输入电压}{组件的标称最佳工作电压 \times [1 + 组件的工作电压温度系数 \times (使用环境最低温度 - 25)]}$$

(6-3)

光伏组件的串联数量确定以后，光伏组串的并联匹配主要是依据所配逆变器的最大直流输入电流和逆变器的最大输入功率来确定。温度与工作电流关系不大，不考虑温度系数。串并联构成的光伏方阵输出的最大工作电流不超过逆变器允许的最大直流输入电流，计算公式为

$$光伏组串并联数 = 逆变器最大直流输入电流/光伏组件串最大工作电流\qquad(6-4)$$

有了光伏组件的串联数量和光伏组串的并联数量，就可以计算出光伏方阵的总容量，并和逆变器的最大输入功率进行匹配。即

光伏方阵总容量功率(W) = 光伏组件串联数 × 光伏组串并联数 × 选定组件的最大输出功率(W)

(6-5)

根据不同地域、安装方式、环境温度、光照条件等，选择光伏方阵容量与逆变器功率的功率匹配。光伏方阵容量与逆变器功率的比值称为光伏电站的容配比。容配比一般要求介于95% ~ 115%。最佳容配比需因地制宜，根据规范推荐，一类地区最佳容配比约为1.2，二类地区约为1.4，三类地区最高可达1.8。

串并联数目计算举例。假设我们用的光伏组件和逆变器技术参数表见表6-3和表6-4。使用环境温度最低 –16 ℃，最高温度65 ℃。

表6-3 光伏组件技术参数

编号	名称	单位	数值
1	峰值功率	W	435
2	开路电压 V_{oc}	V	49.1
3	短路电流 I_{sc}	A	11.36
4	工作电压 V_{mppt}	V	40.8
5	工作电流 I_{mppt}	A	10.66
6	组件效率	%	20
7	峰值功率温度系数	%/℃	–0.350
8	开路电压温度系数	%/℃	–0.284
9	短路电流温度系数	%/℃	+0.050
10	首年功率衰减	%	2
11	25 年功率衰减	%	12.8
12	外形尺寸	mm	2 094 × 1 038 × 35
13	质量	kg	27.5

表6-4 光伏逆变器技术参数表

直流输入	
最大推荐接入组串功率	33 800 W
满载 MPPT 电压范围	480 ~ 800 V
最大直流输入电压	1 000 V
最大直流输入电流	69 A
启动电压	200 V
输入路数/MPPT 路数	6/3
输出数据	
最大交流功率	30 000 W
最大交流电流	48 A
电网类型	三相
额定电网电压	380 V
电网电压范围	380 ~ 400 V

续表

输出数据	
额定电网频率	50/60 Hz
MPPT 效率	99.9%
功率因数	0.8 超前 – 0.8 滞后
电流总谐波失真	<3%
系统数据	
最大效率	98.6%
湿度范围	0% ~ 100%，无冷凝
冷却方式	自然对流
夜间损耗	<1 W
允许的最高海拔	4 000 m
机械参数	
尺寸	550 mm × 770 mm × 270 mm
质量	50 kg
防护等级	IP65（室外）
通信方式	RS-485/USB 2.0，PLC 选配，支持蓝牙 App

首先，根据组件串的电压要小于逆变器的最大直流输入电压，有：

$$N < \frac{逆变器的最大直流输入电压}{组件的标称开路电压 \times [1 + 组件的开路电压温度系数 \times (使用环境最低温度 - 25)]}$$

$$N < \frac{1\ 000\ V}{49.1\ V \times [1 + -0.284\% \times (-16 - 25)]} = 18.24$$

其次，根据

$$N > \frac{逆变器\ MPPT\ 最小输入电压}{组件的标称最佳工作电压 \times [1 + 组件的工作电压温度系数 \times (使用环境最高温度 - 25)]}$$

$$N > \frac{逆变器\ MPPT\ 最大输入电压}{组件的标称最佳工作电压 \times [1 + 组件的工作电压温度系数 \times (使用环境最低温度 - 25)]}$$

有

$$N > \frac{480\ V}{40.8\ V \times [1 + -0.284\% \times (65 - 25)]} = 13.27$$

$$N < \frac{800\ V}{40.8\ V \times [1 + -0.284\% \times (-16 - 25)]} = 17.56$$

综上，组件串的数目 N 应该满足 $13.27 < N < 17.56$。为达到最大容量 N 取 17。

光伏组串并联数 = 逆变器最大直流输入电流/光伏组件串最大工作电流 = 69 A/10.66 A = 6.47，即光伏组件串的并联数目最高取 6 串。

光伏方阵总容量功率(W) = 光伏组件串联数 × 光伏组串并联数 × 选定组件的最大输出功率(W) = 17 × 6 × 435 = 44.37(kW)。

光伏电站的容配比是 44.37 ÷ 33.80 = 1.31。符合国家关于最高容配比 1.8 的规范。

不同朝向（倾角或方位角）的组串，它们的输出电压与电流会由于光照强度的不同而不同。所以不宜串并联到一起，或接入同一个 MPPT 回路中。

要确认使用的逆变器具有多路 MPPT 功能。把相同组串数量的组件串接入同一个 MPPT 的输入端。不要把不同串联数量的组件串连接在同一个 MPPT 跟踪器输入端。

6.4　光伏方阵组合设计、方阵排布与间距设计

重点解决两个问题：一是每个方阵（架）排多少块？二是组件是纵向排列还是横向排列？根据安装现场环境的不同及光伏组件尺寸，纵向排列一般每列放置 2~4 块光伏组件，横向排列一般每列放置 3~5 块光伏组件。纵向排列的前后间距遮挡影响大，需要足够间距，安装方便。横向排列的间距遮挡影响小，适合间距不足场合，最顶端板子安装难度大，基础、支架造价略高。跟踪支架方阵：特别是斜单轴和双轴跟踪方阵，方阵之间出现遮挡的情况较多，可尽量考虑横向排列光伏组件。

前后两排方阵要保持足够的距离，保证光伏方阵在全年前后左右方阵对入射光不要有遮挡。原则上只要保证冬至当天 9:00—15:30 光伏方阵的前后左右方阵彼此没有遮挡即可。

两排方阵之间最小距离的计算公式应为

$$D = L\cos\beta + L\sin\beta \frac{0.707\tan\varphi + 0.4338}{0.707 - 0.4338\tan\varphi} \tag{6-6}$$

式中，L 为方阵高度；β 为方阵倾角；φ 为当地纬度。

另外，还有一种简易的经验做法。假设光伏方阵的上边缘高度为 H_1，下边缘高度为 H_2。阴影的倍率为 R（该倍率最好按冬至那一天的数据进行测量，即一根竖直杆的阴影长度与杆长度之比，因为冬至这一天的阴影最长）。则方阵之间的距离 D 为

$$D = (H_1 + H_2) \times R \tag{6-7}$$

光伏方阵最低点要求如下：①高于当地最大积雪深度；②高于当地洪水水位；③高于一般灌木植物的高度；④防止小动物的破坏；⑤防止泥沙溅上太阳电池板；一般设计时取值 0.3~0.5 m。

6.5　光伏发电系统的电网接入

分布式光伏电站允许单点并网或多点并网，并网点设置有易操作、可闭锁且具有明显开断点的设备（刀闸或专用开关）。接入等级：8 kW 及以下接入 220 V 电网；8~400 kW 接入 380 V 电网；400 kW~6 MW 接入 10 kV 电网；5~30 MW 以上接入 35 kV 电网。并网容量接入公共变压器要控制在所接变压器容量的 70% 以内；并网容量接入专用变压器可以 0.9:1 或 1:1 配置。并网容量可以专线、T 接方式或通过内部电网接入公用电网系统，如图 6-3 所示。T 接方式接入 10/20 kV 公用线路的光伏系统，总容量要控制在线路最大输送容量的 30% 以内。

分布式光伏用户大多数采用自发自用余电上网的模式。这样的话，加入电能表计量等设备的接入方式如图 6-4 所示。

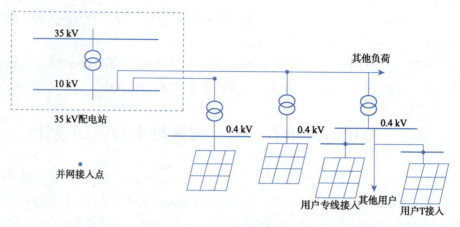

图 6-3 分布式光伏发电站接入方案（从左到右分别为专线接入、T 接接入、用户侧接入）

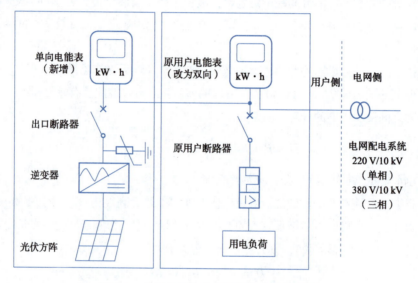

图 6-4 自发自用余电上网接入方式示意图

6.6 光伏系统总的效率及容配比设计

从入射光照射到光伏组件到逆变器，存在着几种因素会降低光伏组件的额定功率，见表 6-5。

表 6-5 降低光伏组件额定功率的几个因素

因　　素	组件灰尘、遮挡	组件一致性、安装方式、直流电缆线路损耗	汇流箱、配电箱器件损耗
降低效率	3%～5%	2%～3%	3%

在组件容量和逆变器容量相等的情况下，由于客观存在的各种损耗，逆变器实际输出最大容量只有逆变器额定容量的 90% 左右，即使在光照最好的时候，逆变器也没有满载工作。降低了逆变器和系统的利用率。另外，光伏组件功率衰减平均每年 1% 左右，国家标准要求 20 年内功率衰减不大于 20%；光伏组件温度系数损耗平均在 4% 左右；交流线缆连接损耗在 2% 左右；光伏逆变器效率为 97%～97.5%；升压变压器效率为 98%。所以光伏发电系统总的效率一般为 80%～82%。

容配比指的是光伏电站的组件容量与逆变器容量之比，组件容量与逆变器容量并不天然是1:1，最佳配比也不是1:1。鉴于上述原因，所以最佳容配比需因地制宜，根据规范推荐，一类地区最佳容配比约为1.2，二类地区约为1.4，三类地区最高可达1.8。合理超配可实现最低的度电成本（LCOE），提升项目的收益率（IRR），加速推进平价上网。有了容配比的政策以后，再报系统容量，应该以逆变器的额定功率来报，而不是按照光伏组件的容量来报。在不同的地区，要选择比较理想的容配比。容配比小了，光伏组件串的输出电压过低，逆变器系统效率不高，容配比太大，在夏季的中午，光伏组件串的输出电压过大，超过了逆变器MPPT最大工作电压，会导致逆变器停机保护，从而使发电曲线发生削顶现象。

6.7 分布式光伏发电系统防雷设计

由于光伏发电系统的主要部分都安装在露天状态下，且分布的面积较大，因此存在着受直接和间接雷击的危害。同时，光伏发电系统与相关电器设备及建筑物有着直接的连接，因此对光伏系统的雷击还会涉及相关的设备和建筑物及用电负载等。为了避免雷击对光伏发电系统的损害，就需要设置防雷与接地系统进行防护。

雷电分为直击雷和感应雷，直击雷是指直接落到太阳能方阵、直流配电系统、电气设备及其配线等处，以及近旁周围的雷击。直击雷的侵入途径有两条，一条是上述所说的直接对太阳能方阵等放电，使大部分高能雷电流被引入到建筑物或设备、线路上；另一条途径是雷电直接通过避雷针等可以直接传输雷电流入地的装置放电，使得地电位瞬时升高，一大部分雷电流通过保护接地线反串入设备、线路上，感应雷是指在相关建筑物、设备和线路的附近及更远些的地方产生的雷击，引起相关建筑物、设备和线路的过电压，这个浪涌过电压通过静电感应或电磁感应的形式串入相关电子设备和线路上，对设备线路造成危害。

对于较大型的或安装在空旷田野、高山上的光伏发电系统，特别是雷电多发地区，必须配备防雷接地装置。

太阳能光伏发电系统或发电站建设地址选择，要尽量避免放置在容易遭受雷击的位置和场合。尽量避免避雷针的投影落在太阳电池方阵组件上。

根据现场状况，可采用避雷针、避雷带和避雷网等不同防护措施对直击雷进行防护，减少雷击概率。并应尽量采用多根均匀布置的引下线将雷击电流引入地下。多根引下线的分流作用可降低引下线的引线压降，减少侧击的危险，并使引下线泄流产生的磁场强度减小。为防止雷电感应，要将整个光伏发电系统的所有金属物，包括电池组件外框、设备、机箱机柜外壳、金属线管等与联合接地体等电位连接，并且做到各自独立接地，图6-15所示为光伏发电系统等电位连接示意图。

光伏发电系统的接地类型和要求主要包括以下几个方面。

①防雷接地。包括避雷针（带）、引下线、接地体等，要求接地电阻小于30 Ω，并最好考虑单独设置接地体。

②安全保护接地、工作接地、屏蔽接地。包括光伏电池组件外框、支架、控制器、逆变器、配电柜外壳、蓄电池支架、金属穿线管外皮及蓄电池、逆变器的中性点等，要求接地电阻≤4 Ω。

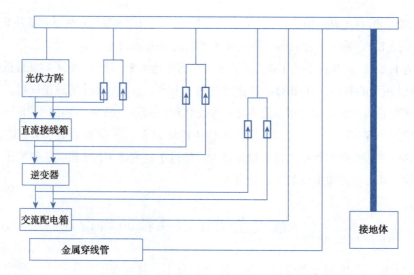

图 6-5 光伏发电部件的等电位连接

③当安全保护接地、工作接地、屏蔽接地和防雷接地等四种接地共用一组接地装置时,其接地电阻按其中最小值确定;若防雷已单独设置接地装置时,其余三种接地宜共用一组接地装置,其接地电阻不应大于其中最小值。

避雷针一般选用直径 12~16 mm 的圆钢,如果采用避雷带,则使用直径 8 mm 的圆钢或厚度 4 mm 的扁钢。避雷针高出被保护物的高度,应大于或等于避雷针到被保护物的水平距离,避雷针越高保护范围越大。

接地体宜采用热镀锌钢材,其规格一般为:直径为 50 mm 的钢管,壁厚不小于 3.5 mm;50 mm×50 mm×5 mm 角钢或 40 mm×4 mm 的扁钢,长度一般为 1.5~2.5 m。接地体的埋设深度为上端离地面 0.7 m 以上。引下线一般使用直径为 8 mm 的圆钢。要求较高的要使用截面积为 3 mm² 的多股铜线。

6.8 分布式光伏发电系统设计实例

案例一:南通某屋顶分布式光伏 380 V 低压发电项目

1. 项目概况

本项目位于江苏省南通市崇川区内,共 2 个彩钢瓦屋面,屋面面积:约为 11 160 m²。利用彩钢瓦屋面进行光伏发电项目建设,总装机容量近 1.2 MWp。本光伏项目建成投产后,年平均发电量预计可达约 120.56 万 kW·h,带来的社会节能效益相当于每年节约标准煤 482.24 t,减排二氧化碳近 1 201.94 t 等。

本项目接入方案参考国家电网公司《分布式光伏发电接入系统典型设计》中方案"XGF380-Z-Z1"设计,光伏电站按照发电量"自发自用,余电上网"原则,以 3 个光伏并网点分别接入用户侧 380 V 母线上。

2. 前期现场踏勘

踏勘收资是项目设计中不可缺少的一步，在项目设计前设计人员应前往项目地勘察项目现场情况，并收集项目资料（收资见图6-6现场勘察信息表）。踏勘需携带激光测距仪、卷尺、无人机、相机等工具。资料收集包括配电室主接线图、配电室内景、项目总平面图、总降压变/开关站竣工图、管线综合布置图、各单体建筑、结构、暖通、给排水、电气竣工图。资料收集完成后使用无人机对项目现场拍照，之后再使用 ContextCapture Master 软件将所拍照片进行三维建模，三维建模图像能保障设计的准确性。

屋顶分布式光伏电站现场勘查信息表

填表日期：_____

一、项目信息

项目名称		竣工时间		设计使用年限	
项目地点		经纬度		海拔/m	
建筑产权单位		联系人		联系电话	
投资单位		联系人		联系电话	
建设模式		单体数量		屋顶总面积/m²	
其他信息					

二、用电及电价信息

电压等级/kV		总装机容量/kVA		年均用电量/(kW·h)	
平时电价/(元/kW·h)		波峰电价/(元/kW·h)		波谷电价/(元/kW·h)	
平时时间段		波峰时间段		波谷时间段	
补贴情况					

三、收集资料

影像资料	收集情况	图纸资料	收集情况	其他资料	收集情况
厂区总体布局		场（厂）区总平面图		电费清单	
单体建筑屋顶布局		总降压变/开关站竣工图		日/月/年负荷曲线	
配电室主接线图		场（厂）区管线综合布置图		气象资料	
配电室内景		各单体建筑结构暖通给排水电气竣工图		地勘资料	

说明：
1. 现场踏勘需携带激光测距仪、卷尺、无人机、相机等工具。
2. 图纸资料最好为电子版，纸质竣工图拍照亦可。若图纸资料无法收集，则需现场测量如下信息：厂区总体布局；厂区电缆敷设方式及走向；每栋单体建筑的屋顶外廓尺寸、朝向、倾角、主要遮挡物位置、尺寸及高度，结构类型（混凝土/钢结构），屋顶类型（混凝土/彩钢瓦）；厂区电气系统主接线，各配电室位置、接线、平面布置。现场记录并画图标示出上述信息。

图 6-6 现场勘察信息表

南通项目屋面现场如图 6-7 所示。

图 6-7　南通项目屋面现场

3. 光伏系统总体技术方案设计

本项目光伏系统采用分块发电、就地逆变、低压并网方案。该项目都采用"自发自用，余量上网"的模式。

经技术经济比较，本项目采用单晶硅光伏组件。单晶硅电池组件推荐选用 550 Wp 规格，组件数量共计 2 180 块，总装机容量为 1 199 kWp。所有光伏阵列采用顺沿彩钢瓦屋面铺设，用夹具与彩钢瓦固定连接。根据装机容量选用组串式光伏并网逆变器。采用就地逆变，以 3 点接入用户侧 0.4 kV 低压配电装置的并网方案。

根据太阳辐射资源分析所确定的光伏电站多年平均年辐射总量，结合太阳电池的类型和布置方案，考虑了光伏组件安装倾角、方位角、太阳能发电系统年利用率、电池组件转换效率、周围障碍物遮光、逆变损失以及光伏电站线损等因素，对光伏电站年发电量进行估算。

4. 电气设计

本项目安装容量 1 199 kWp，其中各屋面容量分别为 308 kWp、891 kWp。两屋面组件经各组串式并网逆变器逆变成交流电后接入光伏并网柜再接入用户侧 400 V 母线上。其中分别接入 3 个并网点，每个并网点接入 4 台逆变器。光伏所发电量优先以就地原则被用户生产、生活用电消纳，如厂区消纳不完的电量最终可以通过并网出线柜送至国家电网，由电网公司收购。

5. 太阳能光伏发电系统分析

① 光伏温度因子。光伏电池的效率会随着其工作时的温度变化而变化。当它们的温度升高时，不同类型的大多数光电池效率呈现出降低趋势。折减因子取 96%。

② 光伏阵列的灰尘损耗。由于光伏组件上有灰尘或积水造成的污染，经统计经常受雨水冲洗的光伏组件其影响平均为 2%～4%，无雨水冲洗较脏的光伏组件其影响平均为 8%～10%。本项目所在地春季多风，夏季多雨，综合考虑折减系数为 3%，即污染的折减因子取 95%。

③ 逆变器的平均效率。目前并网光伏逆变器的平均效率为 97%。

④ 光伏电站内用电、线损等能量损失。初步估算光伏阵列直流配电损耗约为 3%。其配电综合损耗系数为 97%。

⑤ 机组的可利用率。虽然太阳电池的故障率极低，但定期检修及电网故障依然造成一定损失，损失系数取2%，光伏发电系统的可利用率为98%。

⑥ 太阳电池板差异性损耗3%，利用率97%。

⑦ 早晚不可利用辐射损失3%，利用率97%。

综合以上各折减系数，固定式单晶硅电池阵列系统的综合效率为79%。

6. 消防设计

本项目贯彻"预防为主、防消结合"的消防工作方针，在加强火灾监测报警的基础上，对重要设备采用相应的消防措施，做到防患于未然。本项目消防总体设计采用综合消防技术措施，从防火、监测、报警、控制、灭火、排烟、逃生等方面入手，力争减少火灾发生的可能性，一旦发生也能在短时间内予以扑灭，使损失减少到最低，同时确保火灾时人员的安全疏散；根据生产重要性和火灾危险性程度配置消防设施和器材，本光伏电站按规范配置了室外地下式消火栓、消防砂箱、手提式灭火器；建筑结构材料、装饰材料等均须满足防火要求；本光伏电站内重要场所均设有通信电话。

根据《建筑灭火器配置设计规范》及《电力设备典型消防规程》的规定，本项目灭火器配置场所危险等级为中危险级，局部为严重危险级，可能的火灾种类为A类、E类火灾，因此在光伏汇集站、逆变升压站均采用磷铵干粉灭火器，且箱体旁配置推车式干粉灭火器和沙箱及消防铲。

7. 光伏组件选型

光伏组件的选择应综合考虑目前已商业化的各种光伏组件的产业形势、技术成熟度、运行可靠性、未来技术发展趋势，并结合电站区域的气象条件、地理环境、施工条件、交通运输等实际因素，经技术经济综合比较选用适合本光伏电站使用的光伏组件类型。

(1) 光伏组件类型选择

光伏组件选择的基本原则：在产品技术成熟度高、运行可靠的前提下，结合电站站址的气象条件、地理环境、施工条件、交通运输等实际因素，综合考虑对比确定组件类型。再根据电站所在地的太阳能资源状况和所选用的光伏组件类型，计算出光伏电站的年发电量，最终选择出综合指标最佳的光伏组件。

受目前国内太阳电池市场的产业现状和技术发展情况影响，市场上主流太阳电池基本为晶硅类电池、薄膜类电池和高倍聚光组件。

非晶硅、非晶-微晶叠层薄膜光伏组件的转换效率低于晶硅光伏组件，大约为9%。硅薄膜光伏组件效率的自然衰减率与电池的材料、工艺和结构有关，呈现指数型衰减，第一年效率衰减10%~20%，以后的衰减逐年减少。

由于晶硅光伏组件具有制造技术成熟、产品性能稳定、使用寿命长、光电转化效率相对较高等特点，被广泛应用于大型并网光伏电站项目。薄膜光伏组件的电站运行的最长时间不到25年，其可靠性还需检验。单晶硅光伏组件的光电转换效率高于多晶硅光伏组件，本项目拟选用单晶硅光伏组件。

(2) 几种太阳电池的性能、投资额比较

对单晶硅、多晶硅、非晶硅和多倍聚光这四种电池类型就转换效率、制造能耗、安装、成本等方面进行比较，见表6-6。

表6-6　常用太阳电池性能价格等参数对比

比较项目	多晶硅	单晶硅	非晶硅薄膜	多倍聚光
技术成熟性	目前常用的是铸锭多晶硅技术，20世纪70年代末研制成功	商业化单晶硅电池经过50多年的发展，技术已达成熟阶段	20世纪70年代末研制成功，经过40多年的发展，技术日趋成熟	发展起步较晚，技术成熟性相对不高
光电转换效率	商业用电池片一般18%~19%	商业用电池片一般19%~20%	商业用电池一般5%~9%	能实现2倍以上聚光
价格	材料制造简便，节约电能，总的生产成本比单晶硅低	材料价格及烦琐的电池制造工艺，使单晶硅成本价格比多晶硅高出13%左右	生产工艺相对简单，使用原材料少，总的生产成本较低	需要配套复杂的机械跟踪设备、光学仪器、冷却设施等，未实现批量化生产，总的生产成本较高
对光照、温度等外部环境适应性	输出功率与光照强度成正比，在高温条件下效率发挥不充分	同多晶硅电池	弱光响应好。高温性能好，受温度的影响比晶体硅太阳电池要小	为保证聚光倍数，对光照追踪精度要求高，聚光后组件温升大，影响输出效率和使用寿命
组件运行维护	组件故障率极低，自身免维护	同多晶硅电池	柔性组件表面较易积灰，清理困难	机械跟踪设备、光学仪器、冷却设施需要定期维护，故障率高
组件使用寿命	经实践证明寿命期长，可保证25年使用期	同多晶硅电池	衰减较快，使用寿命只有10~15年	机械跟踪设备、光学仪器、冷却等设施使用期限较难保证
外观	不规则深蓝色，可作表面弱光着色处理	黑色、蓝黑色	深蓝色	表面为菲涅尔透镜
安装方式	利用支架将组件倾斜或平铺于地面建筑屋顶或开阔场地，安装简单，布置紧凑，节约场地	同多晶硅电池	柔性组件质量小，对屋顶强度要求低，可附着于屋顶表面，刚性组件安装方式同晶硅组件	带机械跟踪设备，对基础抗风强度要求高，阴影影响大，占用场地大
国内自动化生产情况	产业链完整，生产规模大、技术先进	同多晶硅电池	2008年初国内开始生产线建设，起步晚，产能没有完全释放	尚处于研究论证阶段，使用较少

从表6-6的比较结果可以看出：

① 晶体硅光伏组件技术成熟，且产品性能稳定，使用寿命长。

② 商业化使用的光伏组件中，单晶硅组件转换效率最高，多晶硅其次，但两者相差不大。

③ 晶体硅电池组件故障率极低，运行维护最为简单。

④ 在开阔场地上使用晶体硅光伏组件安装简单方便，布置紧凑，可节约场地。

⑤ 尽管非晶硅薄膜电池在价格、弱光响应、高温性能等方面具有一定的优势，但是转换效

率低、使用寿命期较短。

综上所述，考虑各种因素本项目选择晶体硅电池组件。

故本项目拟选用单晶硅光伏组件。具体参数见表6-7。

表6-7 光伏组件技术规格表

LR5-72HPH 550W 单晶硅		
技 术 参 数		
名　称	单　位	参　数
最大功率 W_p	Wp	550
开路电压 V_{oc}	V	49.8
工作电压 V_{mp}	V	41.95
短路电流 I_{sc}	A	13.98
工作电流 I_{mp}	A	13.12
电压温度系数	%/℃	−0.265
电流温度系数	%/℃	+0.050
功率温度系数	%/℃	−0.340
NOCT	℃	45±2
最大系统电压	V	DC 1 500
组件尺寸	mm	2 278×1 134×35
组件重量	kg	27.5

8. 光伏并网逆变器的选择

（1）光伏逆变器比较

并网逆变器是光伏发电系统中的关键设备，对于光伏系统的转换效率和可靠性具有举足轻重的地位。逆变器选型的主要技术原则如下：

① 性能可靠，效率高。光伏发电系统目前的发电成本较高，如果在发电过程中逆变器自身消耗能量过多或逆变失效，必然导致总发电量的损失和系统经济性下降，因此要求逆变器可靠、效率高，并能根据光伏组件当前的运行状况输出最大功率（MPPT）。

② 要求直流输入电压有较宽的适应范围。由于光伏组件的输出电压随日照强度、天气情况和负载而变化，这就要求逆变器必须在较大的直流输入电压范围内保证正常工作，并保证交流输出电压稳定。

③ 最大功率点跟踪。逆变器的输入端电阻应自适应于光伏发电系统的实际运行特性，保证光伏发电系统运行在最大功率点。

④ 波形畸变小，功率因数高。当大型光伏发电系统并网运行时，为避免对公共电网的电力污染，要求逆变器输出正弦波，电流波形必须与外电网一致，波形畸变小于5%，高次谐波含量小于3%，功率因数接近于1。

⑤ 具有保护功能。并网逆变器还应具有交流过电压、欠电压保护，超频、欠频保护，高温保护，交流及直流的过电流保护，直流过电压保护，防孤岛保护等保护功能。

⑥ 监控和数据采集。逆变器应有多种通信接口进行数据采集并发送到远控室，其控制器还

应有模拟输入端口与外部传感器相连，测量日照和温度等数据，便于整个电站数据处理分析。

（2）逆变器的选择

目前，市场上主要有集中逆变器和组串逆变器，如图6-8所示，故本次主要在这两款逆变器中做比较。

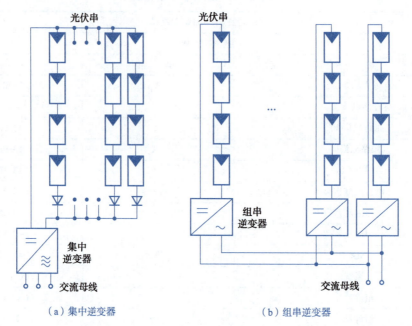

（a）集中逆变器　　　　　　　　　　（b）组串逆变器

图6-8　两种逆变器

① 集中逆变器。在大于10 kWp的光伏发电站系统中，很多并行的光伏组串连接到同一台集中逆变器的直流输入侧，如图6-8（a）所示。这类逆变器的最大特点是效率高，成本低。

大型集中逆变器（单机250 kW、500 kW、630 kW、1 MW）可直接通过一台中压变压器与中压电网（10 kV或35 kV）连接，减少逆变器输出交流侧电缆损耗，提高发电效率。

② 组串逆变器。如图6-8（b）所示，太阳电池板组件被连接成几个相互平行的串，每个串都连接单独的一台逆变器，即成为"组串逆变器"。每个组串并网逆变器具有独立的最大功率跟踪单元，从而减少了太阳电池板组件最佳工作点与逆变器不匹配的现象和阳光阴影带来的损失，增加了发电量。根据光伏电池组件的不同，组串逆变器的最大功率一般在数千瓦级以内。

本项目选用华为100 kW组串逆变器，参数见表6-8。

表6-8　华为100 kW组串逆变器技术参数

名　称	技　术　指　标
推荐最大光伏阵列输入功率	110 kW
光伏阵列最大输入电压	DC 1 100 V
光伏阵列MPPT电压范围	DC 200 V ~ DC 1 000 V
直流输入连接端数	20 路
交流额定输出功率	100 kW
额定输出	AC 230 V ~ AC 400 V，50/60 Hz

续表

名　　称	技术指标
最大效率	98.6%
中国效率	98.1%
MPPT 效率	99.9%
尺寸（宽×高×厚）	1 034 mm×700 mm×365 mm
质量	85 kg
安装方式	支架
环境温度范围	−25 ~ +60 ℃
相对湿度	0% ~100%
最高工作海拔	5 000 m（4 000 m 以下无降额）
防护等级	IP66
拓扑结构	无变压器
冷却方式	可调速风冷
显示	LED 指示灯，蓝牙 + App
通信方式	RS-485
保质期（年）	—

9. 系统防雷接地

为了保证本工程光伏并网发电系统安全可靠，防止因雷击、浪涌等外在因素导致系统器件的损坏等情况发生，必须做好系统的防雷接地工作。

避雷和防雷按照国家标准《建筑防雷设计规范》（GB 50057—2010）设计，接地按照国家标准《电气装置安装工程 接地装置施工及验收规范》（GB 50169—2016）设计。本光伏电站的光伏屋面的金属钢架及其他金属构架均应与屋面避雷带或防雷引下线可靠连接，做到防直击雷的效果。同时为防止感应雷对系统设备造成损坏，建议在光伏并网点处安装电源防雷保护器。

10. 接入系统方案

根据《配电网规划设计技术导则》，电源总容量范围在 20 ~ 400 kW 时，并网电压等级可为 AC 380 V。本分布式光伏发电项目规划容量 1 199 kWp，本期一次性建成投运，根据工程地理位置及装机容量，采用 3 个并网点分别接入到用户侧 380 V 母线上，如图 6-9 至图 6-11 所示。

根据工程实际情况，考虑到未来工程扩建的需要以及国内外大型并网发电系统的成功案例，在电气线路上将 1 199 kWp 分成 3 个光伏并网点，共配置 12 台 100 kW 的组串式逆变器，组成 1 199 kWp 并网发电系统。本工程选用 100 kW 的组串式并网逆变器，通过接入到光伏并网柜再分别接入用户侧 380 V 母线上。本项目总计 3 台光伏并网柜，每台柜子接入光伏容量分别为 407 kWp、396 kWp、396 kWp。

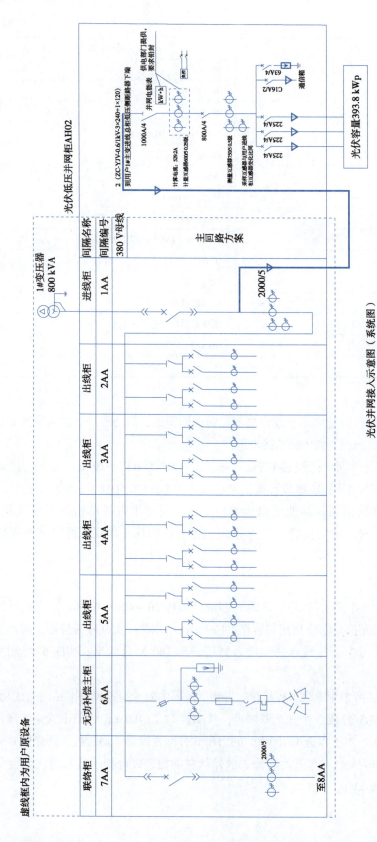

图6-9 1#并网点光伏接入示意图

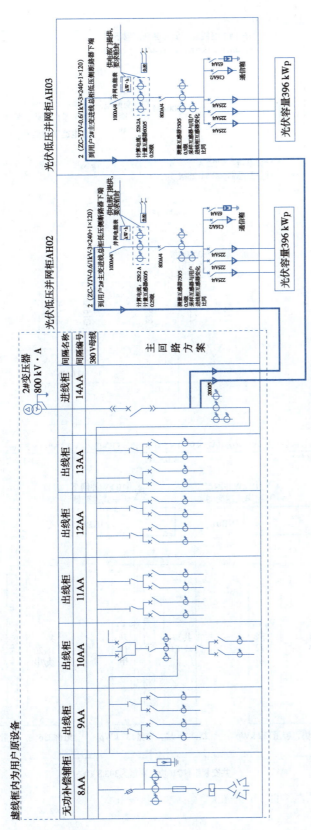

图6-10 2#、3#并网点光伏接入示意图

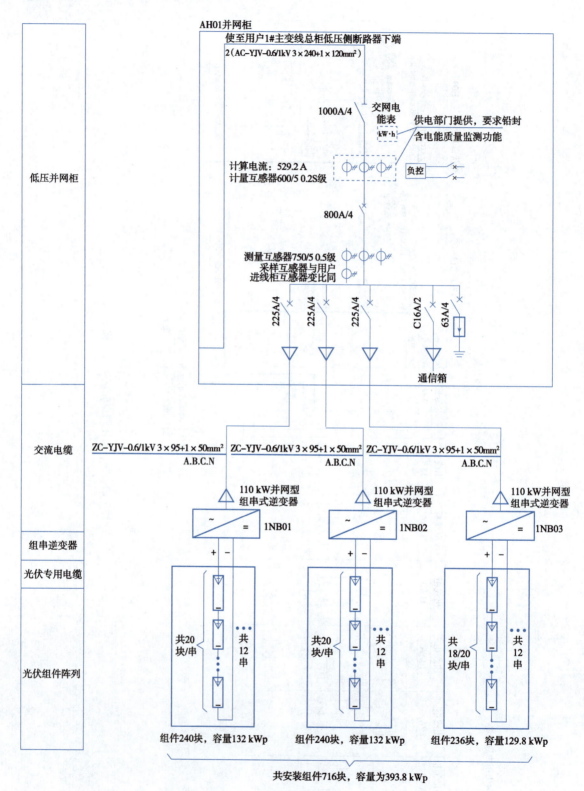

图 6-11 厂区光伏电站一次主接线图

11. 系统二次部分

(1) 380 V/220 V 线路保护、母线保护

本工程并网点及公共连接点的断路器应具备短路瞬时、长延时保护功能和分励脱扣、欠压脱扣功能,线路发生短路故障时,线路保护能快速动作,瞬时跳开断路器,满足全线故障时快速可靠切除故障的要求。断路器还应具备反映故障及运行状态辅助接点。380 V 电压等级不配置母线保护。

(2) 防孤岛检测及安全自动装置

380 V 电压等级不配置防孤岛检测及安全自动装置,采用具备防孤岛能力的逆变器。

12. 电能量计量

当运营模式为自发自用时,在单套设置计量表,便于计费补偿。

当运营模式为余电上网时,除单套设置计量外,还应设置关口电能量计量表。

电能表采用静止式多功能电能表,至少应具备双向有功和四象限无功计量功能,事件记录功能,应具备电流、电压、电量等信息采集和三相电流不平衡检测功能,配有标准通信接口,具备本地通信和通过电能信息采集终端远程通信的功能,电能表通信协议符合 DL/T 645。计量表采集信息应分别接入电网管理部门和光伏发电管理部门(政府部门或政府指定部门)电能信息采集系统,作为电能量计量和电价补贴依据。

13. 系统通信

本项目信息传输通过无线方式。

在厂房室外预制舱配置无线采集终端装置,也可接入现有集抄系统实现电量信息远传。

380 V 并网运行信息从工厂采集后,经各自的通信通道传输至相关部门。

在室外预制舱增加一台通信箱。

无线接入时,应满足安全防护要求。

14. 设备清单

南通 1 199 kWp 分布式光伏发电项目主要设备清单见表 6-9。

表 6-9 南通 1 199 kWp 分布式光伏发电项目主要设备清单

序号	名称及规格	单位	数量
1	550 W 组件	块	2 180
2	100 kW 逆变器	台	12
3	交流汇流箱	台	0
4	并网柜	台	3
5	通信箱	台	1

案例二:扬州某公司混凝土屋顶分布式光伏 380 V 低压发电项目

1. 项目概况

项目位于江苏省扬州市邗江区内,本期共 19 个混凝土屋面,屋面面积约为 26 640 m²。光伏

发电项目总装机容量为 2 MWp。本光伏项目建成投产后,年平均发电量预计可达 209.96 万 kW·h,带来的社会节能效益相当于每年节约标准煤 640.38 t,减排二氧化碳近 1 709.1 t 等。

本分布式光伏发电项目接入方案参考国家电网公司《分布式光伏发电接入系统典型设计》中方案"XGF380-Z-Z1"设计,光伏电站按照发电量"自发自用,余电上网"原则,以 7 个光伏并网点分别接入用户侧 380 V 母线上,本工程实际接入总装机容量为 2 026.86 kWp。

2. 前期踏勘

踏勘收资是项目设计中不可缺少的一步,在项目设计前设计人员应前往项目地勘察项目现场情况,并收集项目资料。踏勘需携带激光测距仪、卷尺、无人机、相机等工具。资料收集包括配电室主接线图、配电室内景、项目总平面图、总降压变/开关站竣工图、管线综合布置图、各单体建筑,结构、暖通、给排水、电气竣工图。资料收集完成后使用无人机对项目现场拍照,之后再使用 ContextCapture Master 软件将所拍照片进行三维建模,三维建模图像能保障设计的准确性,如图 6-12 所示。

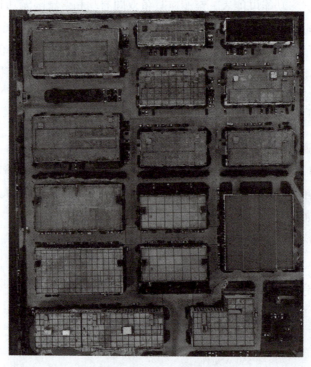

图 6-12 三维建模图像

3. 光伏系统总体技术方案设计

本项目光伏系统采用分块发电、就地逆变、低压并网方案。该项目都采用"自发自用,余量上网"的模式。

经技术经济比较,本项目采用单晶硅光伏组件。单晶硅电池组件推荐选用 550 Wp 规格,组件数量共计 3 652 块,总装机容量为 2 026.86 kWp。所有光伏阵列采用 15°倾角铺设,经过结构计算,项目使用 450 mm × 450 mm × 350 mm 混凝土方块基础,组件使用压块与不锈钢支架主次梁固定连接,如图 6-13 所示。根据项目建筑的分布,本项目分为三期建设,一期 850.3 kWp,二期

650.1 kWp，三期526.35 kWp，选用组串式光伏并网逆变器。采用就地逆变，以7点接入用户侧0.4 kV低压配电装置的并网方案。

根据太阳辐射资源分析所确定的光伏电站多年平均年辐射总量，结合太阳电池的类型和布置方案，考虑了光伏组件安装倾角、方位角、太阳能发电系统年利用率、电池组件转换效率、周围障碍物遮光、逆变损失以及光伏电站线损等因素，对光伏电站年发电量进行估算。

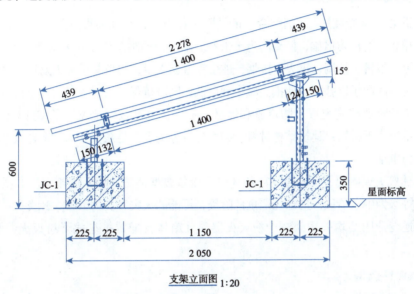

图6-13 混凝土屋面光伏支架立面图（单位：mm）

4. 电气设计

本项目安装容量2 026.86 kWp，分三期建设，其中一期8个屋面，容量为850.3 kWp，分为3个并网点；二期6个屋面，容量为650.1 kWp，分为2个并网点；三期5五个屋面，容量为526.35 kWp，分为2个并网点。各屋面组件经各组串式并网逆变器逆变成交流电后接入光伏并网柜再接入用户侧400 V母线上，分别接入7个并网点，每个并网点接入若干台逆变器。光伏所发电量优先以就地原则被用户生产、生活用电消纳，如厂区消纳不完的电量最终可以通过并网出线柜送至国家电网，由电网公司收购。

5. 太阳能光伏发电系统分析

① 光伏温度因子。光伏电池的效率会随着其工作时的温度变化而变化。当它们的温度升高时，不同类型的大多数光电池效率呈现出降低趋势。折减因子取96%。

② 光伏阵列的灰尘损耗。由于光伏组件上有灰尘或雨水造成的污染，经统计经常受雨水冲洗的光伏组件其影响平均为2%~4%，无雨水冲洗较脏的光伏组件其影响平均为8%~10%。本项目所在地春季多风，夏季多雨，综合考虑折减系数为3%，即污染的折减因子取95%。

③ 逆变器的平均效率。目前并网光伏逆变器的平均效率为97%。

④ 光伏电站内用电、线损等能量损失。初步估算光伏阵列直流配电损耗约为3%。其配电综合损耗系数为97%。

⑤ 机组的可利用率。虽然太阳电池的故障率极低，但定期检修及电网故障依然造成一定损

失，损失系数取 2%，光伏发电系统的可利用率为 98%。

⑥ 太阳电池板差异性损耗 3%，利用率 97%。

⑦ 早晚不可利用辐射损失 3%，利用率 97%。

综合以上各折减系数，固定式单晶硅电池阵列系统的综合效率为 79%。

6. 消防设计

本项目贯彻"预防为主、防消结合"的消防工作方针，在加强火灾监测报警的基础上，对重要设备采用相应的消防措施，做到防患于未然。本项目消防总体设计采用综合消防技术措施，从防火、监测、报警、控制、灭火、排烟、逃生等方面入手，力争减少火灾发生的可能性，一旦发生也能在短时间内予以扑灭，使损失减少到最低，同时确保火灾时人员的安全疏散；根据生产重要性和火灾危险性程度配置消防设施和器材，本光伏电站按规范配置了室外地下式消火栓、消防砂箱、手提式灭火器；建筑结构材料、装饰材料等均须满足防火要求；本光伏电站内重要场所均设有通信电话。

根据《建筑灭火器配置设计规范》及《电力设备典型消防规程》的规定，本项目灭火器配置场所危险等级为中危险级，局部为严重危险级，可能的火灾种类为 A 类、E 类火灾，因此在光伏汇集站、逆变升压站均采用磷铵干粉灭火器，且箱体旁配置推车式干粉灭火器和沙箱及消防铲。

7. 光伏组件选型

光伏组件的选择应综合考虑目前已商业化的各种光伏组件的产业形势、技术成熟度、运行可靠性、未来技术发展趋势，并结合电站区域的气象条件、地理环境、施工条件、交通运输等实际因素，经技术经济综合比较选用适合本光伏电站使用的光伏组件类型。

光伏组件选择的基本原则：在产品技术成熟度高、运行可靠的前提下，结合电站站址的气象条件、地理环境、施工条件、交通运输等实际因素，综合考虑对比确定组件类型。再根据电站所在地的太阳能资源状况和所选用的光伏组件类型，计算出光伏电站的年发电量，最终选择出综合指标最佳的光伏组件。

受目前国内太阳电池市场的产业现状和技术发展情况影响，市场上主流太阳电池基本为晶硅类电池、薄膜类电池和高倍聚光组件。

非晶硅、非晶 – 微晶叠层薄膜光伏组件的转换效率低于晶硅光伏组件，大约为 9%。硅薄膜光伏组件效率的自然衰减率与电池的材料、工艺和结构有关，呈现指数型衰减，第一年效率衰减 10% ~ 20%，以后的衰减逐年减少。

由于晶硅光伏组件具有制造技术成熟、产品性能稳定、使用寿命长、光电转化效率相对较高等特点，被广泛应用于大型并网光伏电站项目。薄膜光伏组件的电站运行的最长时间不到 25 年，其可靠性还需检验。单晶硅光伏组件的光电转换效率高于多晶硅光伏组件，本项目拟选用单晶硅光伏组件。

几种常用的太阳电池技术性能比较见表 6-6。从比较结果可以看出：

① 晶体硅光伏组件技术成熟，且产品性能稳定，使用寿命长。

② 商业化使用的光伏组件中，单晶硅组件转换效率最高，多晶硅其次，但两者相差不大。

③ 晶体硅电池组件故障率极低，运行维护最为简单。

④ 在开阔场地上使用晶体硅光伏组件安装简单方便，布置紧凑，可节约场地。

⑤ 尽管非晶硅薄膜电池在价格、弱光响应、高温性能等方面具有一定的优势，但是转换效率低，使用寿命期较短。

综上所述，考虑各种因素本项目选择晶体硅电池组件。

故本项目拟选用单晶硅光伏组件。具体参数见表 6-10。

表 6-10 本项目选用光伏组件技术规格表

JAM72S30-550/MR 单晶硅		
技术参数		
名　　称	单　位	参　　数
最大功率 W_p	Wp	550
开路电压 V_{oc}	V	49.9
工作电压 V_{mp}	V	41.96
短路电流 I_{sc}	A	14
工作电流 I_{mp}	A	13.11
电压温度系数	%/℃	−0.275
电流温度系数	%/℃	+0.045
功率温度系数	%/℃	−0.350
NOCT	℃	45±2
最大系统电压	V	DC 1 000 V/1 500 V
组件尺寸	mm	2 278×1 134×35
组件质量	kg	28.6

8. 光伏并网逆变器的选择

（1）光伏逆变器比较

并网逆变器是光伏发电系统中的关键设备，对于光伏系统的转换效率和可靠性有举足轻重的地位。逆变器选型的主要技术原则如下：

① 性能可靠，效率高。光伏发电系统目前的发电成本较高，如果在发电过程中逆变器自身消耗能量过多或逆变失效，必然导致总发电量的损失和系统经济性下降，因此要求逆变器可靠、效率高，并能根据光伏组件当前的运行状况输出最大功率（MPPT）。

② 要求直流输入电压有较宽的适应范围。由于光伏组件的输出电压随日照强度、天气情况和负载而变化，这就要求逆变器必须在较大的直流输入电压范围内保证正常工作，并保证交流输出电压稳定。

③ 最大功率点跟踪。逆变器的输入端电阻应自适应于光伏发电系统的实际运行特性，保证光伏发电系统运行在最大功率点。

④ 波形畸变小，功率因数高。当大型光伏发电系统并网运行时，为避免对公共电网的电力污染，要求逆变器输出正弦波，电流波形必须与外电网一致，波形畸变小于 5%，高次谐波含量小于 3%，功率因数接近于 1。

⑤ 具有保护功能。并网逆变器还应具有交流过电压、欠电压保护，超频、欠频保护，高温

保护，交流及直流的过电流保护，直流过电压保护，防孤岛保护等保护功能。

⑥ 监控和数据采集。逆变器应有多种通信接口进行数据采集并发送到远控室，其控制器还应有模拟输入端口与外部传感器相连，测量日照和温度等数据，便于整个电站数据处理分析。

（2）逆变器的选择

目前，市场上主要有集中逆变器和组串逆变器（见图6-8），故本次主要在这两款逆变器中做比较：

① 集中逆变器。在大于 10 kWp 的光伏发电站系统中，很多并行的光伏组串连接到同一台集中逆变器的直流输入侧，见图6-8（a）。这类逆变器的最大特点是效率高，成本低。

大型集中逆变器（单机 250 kW、500 kW、630 kW、1 MW）可直接通过一台中压变压器与中压电网（10 kV 或 35 kV）连接，减少逆变器输出交流侧电缆损耗，提高发电效率。

② 组串逆变器。见图6-8（b），光伏组件被连接成几个相互平行的串，每个串都连接单独的一台逆变器，即成为"组串逆变器"。每个组串并网逆变器具有独立的最大功率跟踪单元，从而减少了光伏组件最佳工作点与逆变器不匹配的现象和阳光阴影带来的损失，增加了发电量。根据光伏电池组件的不同，组串逆变器的最大功率一般在数千瓦级以内。

本项目选用固特威 30 kW、50 kW、60 kW 组串逆变器，参数见表6-11。

表6-11 本项目选用固特威组串逆变器参数表

名　称	技　术　指　标		
型号	30 kW	50 kW	60 kW
推荐最大光伏阵列输入功率	33 kW	55 kW	66 kW
光伏阵列最大输入电压	DC 1 100 V		
光伏阵列 MPPT 电压范围	DC 200 V ~ DC 9 500 V		
直流输入连接端数	6 路	10 路	12 路
交流额定输出功率	30 kW	50 kW	60 kW
额定输出电压	400，3L/N/PE or 3L/PE		
最大效率	98.8%		98.8%
中国效率	98.5%		98.1%
尺寸（宽×高×厚）	480 mm×590 mm×200 mm		520 mm×660 mm×220 mm
质量	40 kg		55 kg
安装方式	支架	支架	支架
环境温度范围	-30 ~ +60 ℃		
相对湿度	0% ~ 100%		
最高工作海拔	≤3 000 m		≤4 000 m
防护等级	IP65		
拓扑结构	无变压器		
冷却方式	智能风冷		
显示	LCD & LED 或 LED & App		LCD & LED & App
通信方式	RS-485，可选：Wi-Fi, 4G, PLC		
保质期（年）			

9. 系统防雷接地

为了保证本工程光伏并网发电系统安全可靠，防止因雷击、浪涌等外在因素导致系统器件的损坏等情况发生，必须做好系统的防雷接地工作。

避雷和防雷按照国家标准 GB 50057—2010《建筑防雷设计规范》设计，接地按照国家标准 GB 50169—2016《电气装置安装工程 接地装置施工及验收规范》设计。本光伏电站的光伏屋面的金属钢架及其他金属构架均应与屋面避雷带或防雷引下线可靠连接，做到防直击雷的效果。同时为防止感应雷对系统设备造成损坏，建议在光伏并网点处安装电源防雷保护器。

10. 接入系统方案

根据《配电网规划设计技术导则》，电源总容量范围在 20～400 kW 时，并网电压等级可为 AC 380 V。本分布式光伏发电项目规划容量 2 026.86 kWp，分三期建成投运，根据工程地理位置及装机容量，本工程一期采用 3 个并网点分别接入用户侧 380 V 母线上，二期采用 2 个并网点分别接入用户侧 380 V 母线上，三期采用 2 个并网点分别接入用户侧 380 V 母线上，如图 6-14 至图 6-18 所示。

根据工程实际情况，考虑到未来工程扩建的需要以及国内外大型并网发电系统的成功案例，在电气线路上将 2 026.86 kWp 分成 7 个光伏并网点，共配置 3 台 30 kW、24 台 50 kW、9 台 60 kW 的组串逆变器，组成 2 026.86 kWp 并网发电系统。本工程选用组串式并网逆变器，通过接入光伏并网柜再分别接入用户侧 380 V 母线上。本项目总计 7 台光伏并网柜，一期每台柜子接入光伏容量分别为 258.5 kWp、290.4 kWp、301.4 kWp；二期每台柜子接入光伏容量分别为 353.21 kWp、297 kWp；三期每台柜子接入光伏容量分别为 277.2 kWp、249.15 kWp。

11. 系统二次部分

（1）380 V/220 V 线路保护、母线保护

本工程并网点及公共连接点的断路器应具备短路瞬时、长延时保护功能和分励脱扣、欠压脱扣功能，线路发生短路故障时，线路保护能快速动作，瞬时跳开断路器，满足全线故障时快速可靠切除故障的要求。断路器还应具备反映故障及运行状态辅助接点。380 V 电压等级不配置母线保护。

（2）防孤岛检测及安全自动装置

380 V 电压等级不配置防孤岛检测及安全自动装置，采用具备防孤岛能力的逆变器。

12. 电能量计量

当运营模式为自发自用时，在单套设置计量表，便于计费补偿。

当运营模式为余电上网时，除单套设置计量外，还应设置关口电能量计量表。

电能表采用静止式多功能电能表，至少应具备双向有功和四象限无功计量功能，事件记录功能，应具备电流、电压、电量等信息采集和三相电流不平衡检测功能，配有标准通信接口，具备本地通信和通过电能信息采集终端远程通信的功能，电能表通信协议符合 DL/T 645。计量表采集信息应分别接入电网管理部门和光伏发电管理部门（政府部门或政府指定部门）电能信息采集系统，作为电能量计量和电价补贴依据。

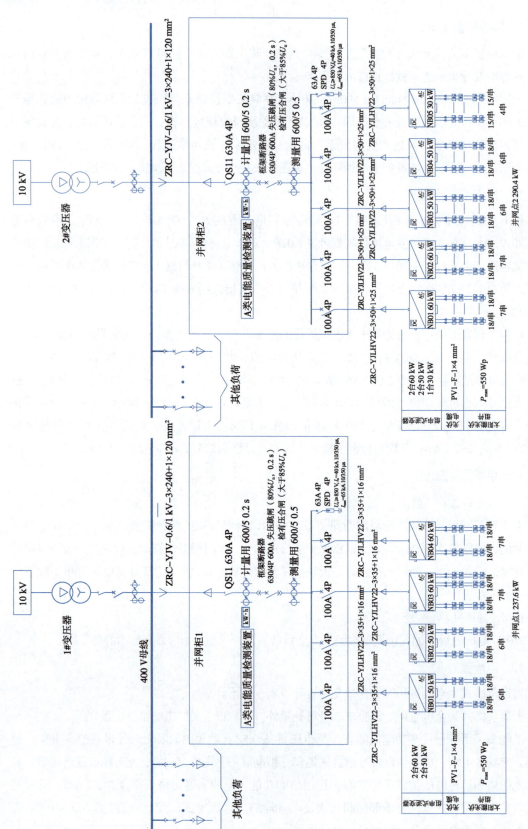

图6-14 一期1#、2#并网点光伏接入示意图

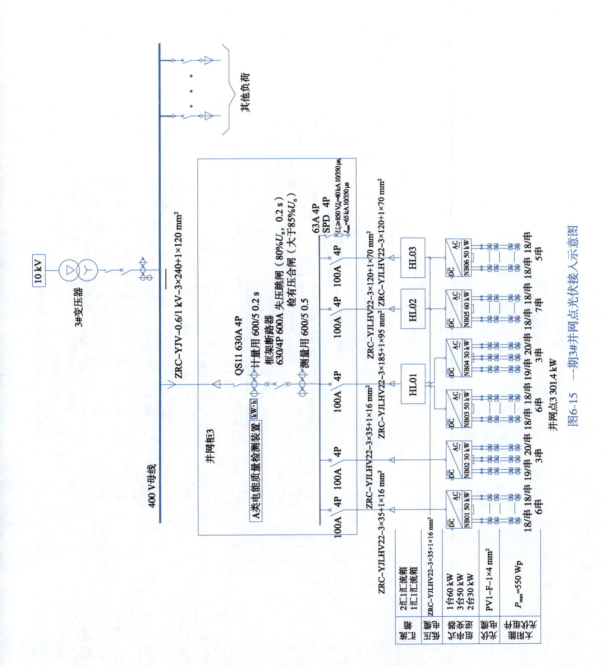

图6-15 一期3#并网点光伏接入示意图

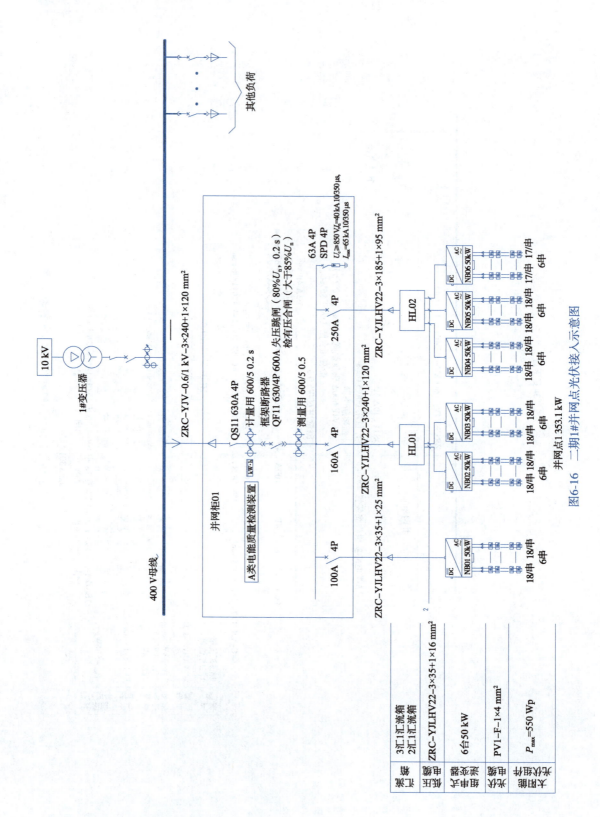

图6-16 二期1#并网点光伏接入示意图

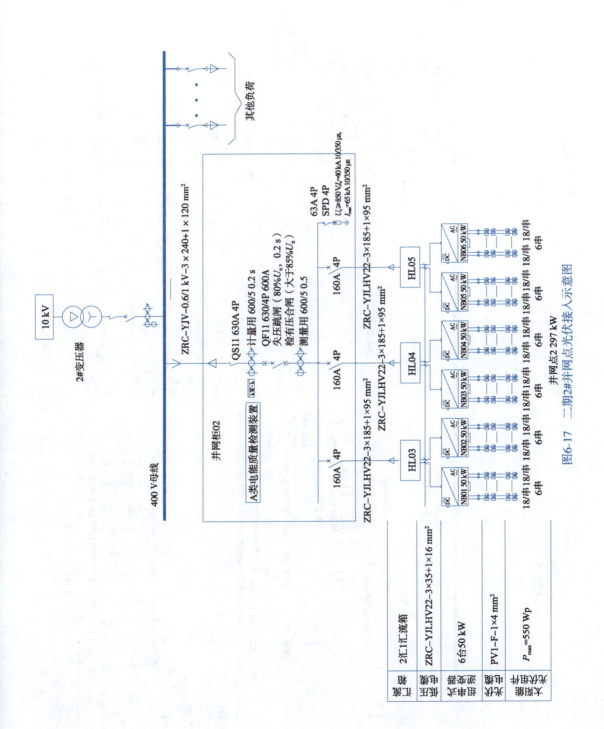

图6-17 二期2#并网点光伏接入示意图

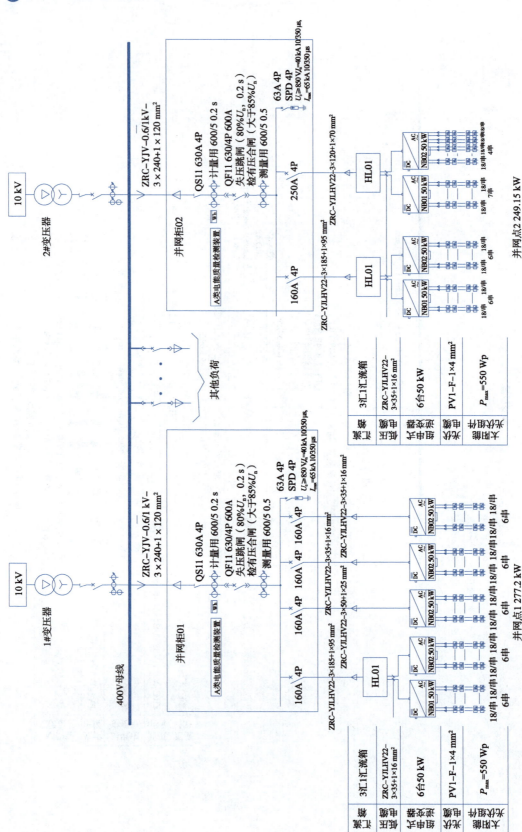

图6-18 三期1#、2#并网点光伏接入示意图

13. 系统通信

本项目信息传输通过无线方式。

在每台逆变器上配置无线数据采集棒，通过 4G 信号传输到数据平台。

380 V 并网运行信息从工厂采集后，经各自的通信通道传输至相关部门。

无线接入时，应满足安全防护要求。

14. 设备清单

扬州某公司 2 MWp 分布式光伏发电项目主要设备清单见表 6-12。

表 6-12　扬州某公司 2 MWp 分布式光伏发电项目主要设备清单

序　号	名称及规格	单　位	数　量
1	550 W 组件	块	3 652
2	30 kW 逆变器	台	3
3	50 kW 逆变器	台	24
4	60 kW 逆变器	台	9
5	交流汇流箱	台	11
6	并网柜	台	7
7	通信箱	台	0

案例三：青岛某厂区 6.442 2 MWp 分布式 BIPV（光伏建筑一体化）发电项目

1. 项目概况

本工程位于山东省青岛市，利用青岛晓星钢帘线有限公司内 C1 厂房、C 厂房、汽车地毯厂房、切割试验车间、C3 厂房、汽车配件厂房共计 6 栋屋面，建设光伏电站，总装机容量为 6.442 2 MWp 的光伏发电项目。本光伏项目建成投产后，年平均发电量预计可达 602.2 万 kW·h。

本分布式光伏发电项目接入方案参考国家电网公司《分布式光伏发电接入系统典型设计》中方案"XGF380-Z-Z1"设计，光伏电站按照发电量"自发自用，余电上网"原则，共 9 个发电单元，每个发电单元作为一个并网点，以 0.4 kV 并入厂区电网。本工程总装机容量为 6.442 2 MWp。该项目航拍图如图 6-19 所示。

2. 前期踏勘

踏勘收资是项目设计中不可缺少的一步，在项目设计前设计人员应前往项目地勘察项目现场情况，并收集项目资料。踏勘需携带激光测距仪、卷尺、无人机、相机等工具。资料收集包括配电室主接线图、配电室内景、项目总平面图、总降压变/开关站竣工图、管线综合布置图、各单体建筑、结构、暖通、给排水、电气竣工图。资料收集完成后使用无人机对项目现场拍照，之后再使用 ContextCapture Master 软件将所拍照片进行三维建模，三维建模图像能保障设计的准确性。项目前期屋顶踏勘航拍图如图 6-20 所示。

图 6-19　青岛 6.442 2 MWp 分布式光伏发电 BIPV 项目航拍图

图 6-20　青岛项目屋顶前期踏勘航拍图

3. 光伏系统总体技术方案设计

本项目光伏系统采用分块发电、就地逆变、低压并网方案。该项目都采用"自发自用，余量上网"的模式。

经技术经济比较，本项目采用单晶硅光伏组件。单晶硅电池组件推荐选用 450 Wp 单晶光伏组件 7 796 块；460 Wp 单晶光伏组件 6 371 块。根据装机容量选用组串式光伏并网逆变器。采用就地逆变，以 9 点接入用户侧 0.4 kV 低压配电装置的并网方案。

根据太阳辐射资源分析所确定的光伏电站多年平均年辐射总量，结合太阳电池的类型和布置方案，考虑了光伏组件安装倾角、方位角、太阳能发电系统年利用率、电池组件转换效率、周围障碍物遮光、逆变损失以及光伏电站线损等因素，对光伏电站年发电量进行估算。

第 6 章 分布式光伏发电站的设计

4. 电气设计

本项目安装容量 6.442 2 MWp，其中各屋面容量分别为 C1 厂房 1 173.7 kWp、C2 厂房 844.2 kWp + 1 159.2 kWp、汽车地毯厂房 260.55 kWp、切割实验车间 171 kWp、C3 厂房 2 043.5 kWp、汽车配件厂房 189 kWp。两屋面组件经各组串式并网逆变器逆变成交流电后接入光伏并网柜再接入用户侧 400 V 母线上。其中分别接入 9 个并网点共 113 台逆变器。光伏所发电量优先以就地原则被青岛晓星钢帘线有限公司生产、生活用电消纳，如厂区消纳不完的电量最终可以通过并网出线柜送至国家电网，由电网公司收购。

5. 太阳能光伏发电系统分析

① 光伏温度因子。光伏电池的效率会随着其工作时的温度变化而变化。当它们的温度升高时，不同类型的大多数光电池效率呈现出降低趋势。折减因子取 96%。

② 光伏阵列的灰尘损耗。由于光伏组件上有灰尘或积水造成的污染，经统计经常受雨水冲洗的光伏组件其影响平均为 2%~4%，无雨水冲洗较脏的光伏组件其影响平均为 8%~10%。本项目所在地春季多风，夏季多雨，综合考虑折减系数为 3%，即污染的折减因子取 95%。

③ 逆变器的平均效率。目前并网光伏逆变器的平均效率为 97%。

④ 光伏电站内用电、线损等能量损失。初步估算光伏阵列直流配电损耗约为 3%。其配电综合损耗系数为 97%。

⑤ 机组的可利用率。虽然太阳电池的故障率极低，但定期检修及电网故障依然造成一定损失，损失系数取 2%，光伏发电系统的可利用率为 98%。

⑥ 光伏组件差异性损耗 3%，利用率 97%。

⑦ 早晚不可利用辐射损失 3%，利用率 97%。

综合以上各折减系数，固定式单晶硅电池阵列系统的综合效率为 79%。

6. 消防设计

本项目贯彻"预防为主、防消结合"的消防工作方针，在加强火灾监测报警的基础上，对重要设备采用相应的消防措施，做到防患于未然。本项目消防总体设计采用综合消防技术措施，从防火、监测、报警、控制、灭火、排烟、逃生等方面入手，力争减少火灾发生的可能性，一旦发生也能在短时间内予以扑灭，使损失减少到最低，同时确保火灾时人员的安全疏散；根据生产重要性和火灾危险性程度配置消防设施和器材，本光伏电站按规范配置了室外地下式消火栓、消防砂箱、手提式灭火器；建筑结构材料、装饰材料等均须满足防火要求；本光伏电站内重要场所均设有通信电话。

根据《建筑灭火器配置设计规范》及《电力设备典型消防规程》的规定，本项目灭火器配置场所危险等级为中危险级，局部为严重危险级，可能的火灾种类为 A 类、E 类火灾，因此在光伏汇集站、逆变升压站均采用磷铵干粉灭火器，且箱体旁配置推车式干粉灭火器和沙箱及消防铲。

7. 光伏组件选型

太阳能光伏组件的选择应综合考虑目前已商业化的各种光伏组件的产业形势、技术成熟度、运行可靠性、未来技术发展趋势，并结合电站区域的气象条件、地理环境、施工条件、交通运输等实际因素，经技术经济综合比较选用适合本光伏电站使用的光伏组件类型。

（1）光伏组件类型选择

光伏组件选择的基本原则：在产品技术成熟度高、运行可靠的前提下，结合电站站址的气象条件、地理环境、施工条件、交通运输等实际因素，综合考虑对比确定组件类型。再根据电站所在地的太阳能资源状况和所选用的光伏组件类型，计算出光伏电站的年发电量，最终选择出综合指标最佳的光伏组件。

受目前国内太阳电池市场的产业现状和技术发展情况影响，市场上主流太阳电池基本为晶硅类电池、薄膜类电池和高倍聚光组件。

非晶硅、非晶-微晶叠层薄膜光伏组件的转换效率低于晶硅光伏组件，大约为9%。硅薄膜光伏组件效率的自然衰减率与电池的材料、工艺和结构有关，呈现指数型衰减，第一年效率衰减10%~20%，以后的衰减逐年减少。

由于晶硅光伏组件组件具有制造技术成熟、产品性能稳定、使用寿命长、光电转化效率相对较高等特点，被广泛应用于大型并网光伏电站项目。薄膜光伏组件的电站运行的最长时间不到25年，其可靠性还需检验。单晶硅光伏组件的光电转换效率高于多晶硅光伏组件，本项目拟选用单晶硅光伏组件。

（2）几种常用的太阳电池技术性能比较

从表6-6的比较结果可以看出：

① 晶体硅光伏组件技术成熟，且产品性能稳定，使用寿命长。

② 商业化使用的光伏组件中，单晶硅组件转换效率最高，多晶硅其次，但两者相差不大。

③ 晶体硅电池组件故障率极低，运行维护最为简单。

④ 在开阔场地上使用晶体硅光伏组件安装简单方便，布置紧凑，可节约场地。

⑤ 尽管非晶硅薄膜电池在价格、弱光响应、高温性能等方面具有一定的优势，但是转换效率低、使用寿命期较短。

综上所述，考虑各种因素本项目选择晶体硅电池组件。

故本项目拟选用单晶硅太阳电池。具体参数见表6-13。

表6-13 本项目选用光伏组件技术规格表

名称	单位	JAM72S20-450/MR 单晶硅 技术参数	JAM72S20-460/MR 单晶硅 技术参数
		参数	参数
最大功率 W_p	W_p	450	460
开路电压 V_{oc}	V	49.7	50.01
工作电压 V_{mp}	V	41.52	42.13
短路电流 I_{sc}	A	11.36	11.45
工作电流 I_{mp}	A	10.84	10.92
电压温度系数	%/℃	-0.272	-0.272
电流温度系数	%/℃	+0.044	+0.044

续表

JAM72S20-450/MR 单晶硅 技术参数			JAM72S20-460/MR 单晶硅 技术参数
名称	单位	参数	参数
功率温度系数	%/℃	-0.350	-0.350
NOCT	℃	45±2	45±2
最大系统电压	V	DC 1 500	DC 1 500
组件尺寸	mm	2 120×1 052×40	2 120×1 052×40
组件质量	kg	25	25

光伏组件与屋顶的连接方式为 BIPV，如图 6-21 所示，使光伏组件与彩钢瓦融为一体，如图 6-22 所示，使光伏组件具有防水、保温、防火、美观的建筑功能。

图 6-21 光伏组件与彩钢瓦屋顶的集成连接

图 6-22 光伏组件与建筑一体化

光伏组件由于采用了防水设计，使得下方的彩钢瓦不会受到雨水的冲刷与腐蚀，加上光伏组件在上面遮挡住了太阳光，使彩钢瓦的寿命由原来的 10 年左右提高到 30 年左右，增加了彩钢瓦屋顶的使用寿命，降低了后期拆换成本。光伏组件与屋顶的安装设计如图 6-23 所示。

8. 光伏并网逆变器的选择

（1）光伏逆变器比较

并网逆变器是光伏发电系统中的关键设备，对于光伏系统的转换效率和可靠性具有举足轻重的地位。逆变器选型的主要技术原则如下：

① 性能可靠，效率高。光伏发电系统目前的发电成本较高，如果在发电过程中逆变器自身消耗能量过多或逆变失效，必然导致总发电量的损失和系统经济性下降，因此要求逆变器可靠、效率高，并能根据光伏组件当前的运行状况输出最大功率（MPPT）。

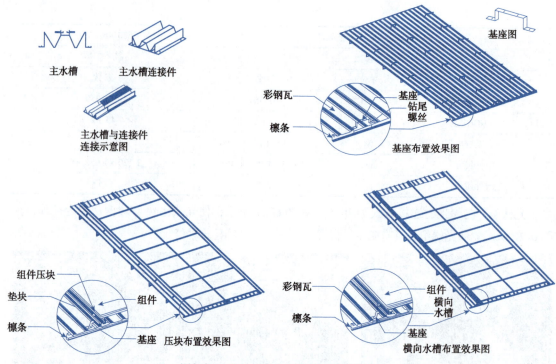

图 6-23 光伏组件与屋顶的安装设计图

② 要求直流输入电压有较宽的适应范围。由于光伏组件的输出电压随日照强度、天气情况和负载而变化,这就要求逆变器必须在较大的直流输入电压范围内保证正常工作,并保证交流输出电压稳定。

③ 最大功率点跟踪。逆变器的输入端电阻应自适应于光伏发电系统的实际运行特性,保证光伏发电系统运行在最大功率点。

④ 波形畸变小,功率因数高。当大型光伏发电系统并网运行时,为避免对公共电网的电力污染,要求逆变器输出正弦波,电流波形必须与外电网一致,波形畸变小于 5%,高次谐波含量小于 3%,功率因数接近于 1。

⑤ 具有保护功能。并网逆变器还应具有交流过电压、欠电压保护,超频、欠频保护,高温保护,交流及直流的过电流保护,直流过电压保护,防孤岛保护等保护功能。

⑥ 监控和数据采集。逆变器应有多种通信接口进行数据采集并发送到远控室,其控制器还应有模拟输入端口与外部传感器相连,测量日照和温度等数据,便于整个电站数据处理分析。

(2) 逆变器的选择

目前,市场上主要有集中逆变器和组串逆变器(见图6-8),故本次主要在这两款逆变器中做比较:

① 集中逆变器。在大于 10 kWp 的光伏发电站系统中,很多并行的光伏组串连接到同一台集中逆变器的直流输入侧,见图6-8(a)。这类逆变器的最大特点是效率高,成本低。

大型集中逆变器(单机 250 kW、500 kW、630 kW、1 MW)可直接通过一台中压变压器与中压电网(10 kV 或 35 kV)连接,减少逆变器输出交流侧电缆损耗,提高发电效率。

② 组串逆变器。见图 6-8（b），光伏组件被连接成几个相互平行的串，每个串都连接单独的一台逆变器，即成为"组串逆变器"。每个组串并网逆变器具有独立的最大功率跟踪单元，从而减少了光伏组件最佳工作点与逆变器不匹配的现象和阳光阴影带来的损失，增加了发电量。根据光伏电池组件的不同，组串逆变器的最大功率一般在数千瓦级以内。

本项目选用固德威 50 kW 与 60 kW 组串逆变器，参数见表 6-14。

表 6-14　本项目选用固德威 50 kW 与 60 kW 组串逆变器技术参数表

名　称	技术指标	
型号	50 kW	60 kW
推荐最大光伏阵列输入功率	55 kW	66 kW
光伏阵列最大输入电压	DC 1 100 V	
光伏阵列 MPPT 电压范围	DC 200 V ~ DC 950 V	
直流输入连接端数	10 路	12 路
交流额定输出功率	50 kW	60 kW
额定输出电压	400，3L/N/PE or 3L/PE	
最大效率	98.8%	
中国效率	98.1%	
尺寸（宽×高×厚）	520 mm×660 mm×220 mm	
质量	55 kg	
安装方式	支架	
环境温度范围	−30 ~ +60 ℃	
相对湿度	0% ~100%	
最高工作海拔	≤4 000 m	
防护等级	IP65	
拓扑结构	无变压器	
冷却方式	智能风冷	
显示	LCD&LED&APP	
通信方式	RS-485，可选：Wi-Fi, 4G, PLC	

9. 系统防雷接地

为了保证本工程光伏并网发电系统安全可靠，防止因雷击、浪涌等外在因素导致系统器件的损坏等情况发生，必须做好系统的防雷接地工作。

避雷和防雷按照国家标准 GB 50057—2010《建筑防雷设计规范》设计，接地按照国家标准 GB 50169—2016《电气装置安装工程接地装置施工及验收规范》设计。本光伏电站的光伏屋面的金属钢架及其他金属构架均应与屋面避雷带或防雷引下线可靠连接，做到防直击雷的效果。同时为防止感应雷对系统设备造成损坏，建议在光伏并网点处安装电源防雷保护器。

10. 接入系统方案

根据《配电网规划设计技术导则》，电源总容量范围在 20 ~ 400 kW 时，并网电压等级可为 AC 380 V。本分布式光伏发电项目总装机容量为 6.442 2 MWp，本期一次性建成投运，根据工程地理位置及装机容量，采用 9 个并网点分别接入用户侧 380 V 母线上，如图 6-24 至图 6-29 所示。

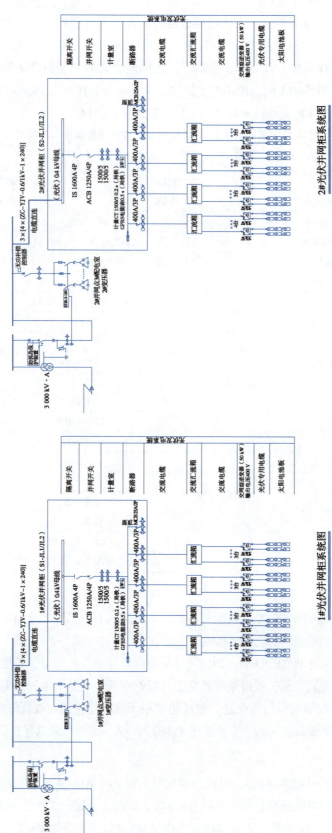

图6-24 1#、2#并网点光伏接入示意图

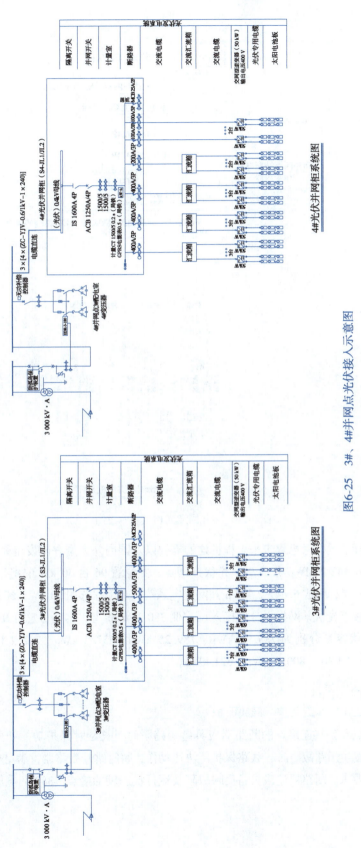

图6-25 3#、4#并网点光伏接入示意图

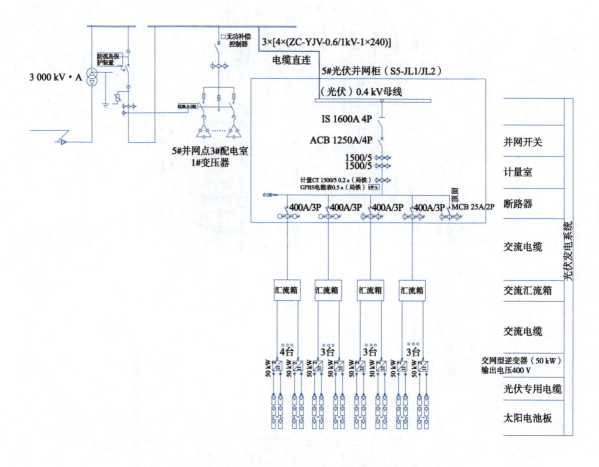

图 6-26　5#并网点光伏接入示意图

根据工程实际情况，考虑到未来工程扩建的需要以及国内外大型并网发电系统的成功案例，在电气线路上将 6.442 2 MWp 分成 9 个光伏并网点，共配置 96 台 50 kW 的组串逆变器，17 台 60 kW 的组串逆变器，组成 6.442 2 MWp 并网发电系统。本工程选用 50 kW、60 kW 的组串式并网逆变器，通过接入光伏并网柜再分别接入用户侧 380 V 母线上。本项目总计 9 台光伏并网柜，每台柜子接入光伏容量分别为 785.95 kWp、789.25 kWp、637.2 kWp、792.2 kWp、774 kWp、431.55 kWp、811.4 kWp、800.1 kWp、621 kWp。

11. 系统二次部分

（1）380 V/220 V 线路保护、母线保护

本工程并网点及公共连接点的断路器应具备短路瞬时、长延时保护功能和分励脱扣、欠压脱扣功能，线路发生短路故障时，线路保护能快速动作，瞬时跳开断路器，满足全线故障时快速可靠切除故障的要求。断路器还应具备反映故障及运行状态辅助接点。380 V 电压等级不配置母线保护。

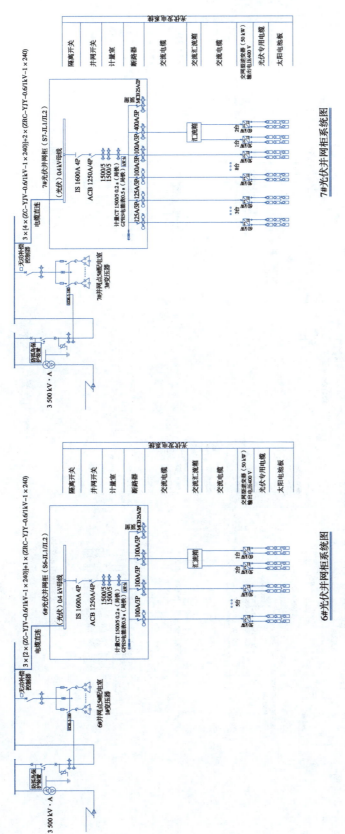

图6-27 6#、7#并网点光伏接入示意图

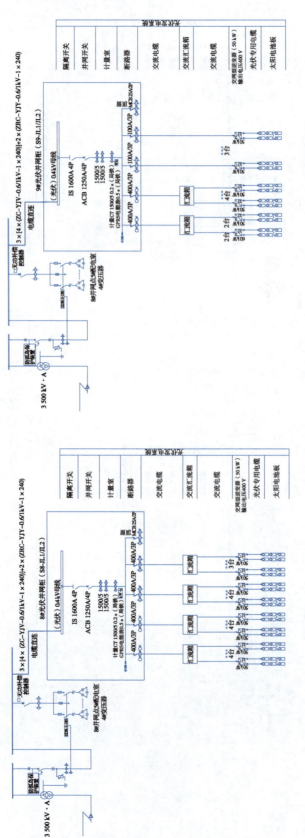

图6-28 8#、9#并网点光伏接入示意图

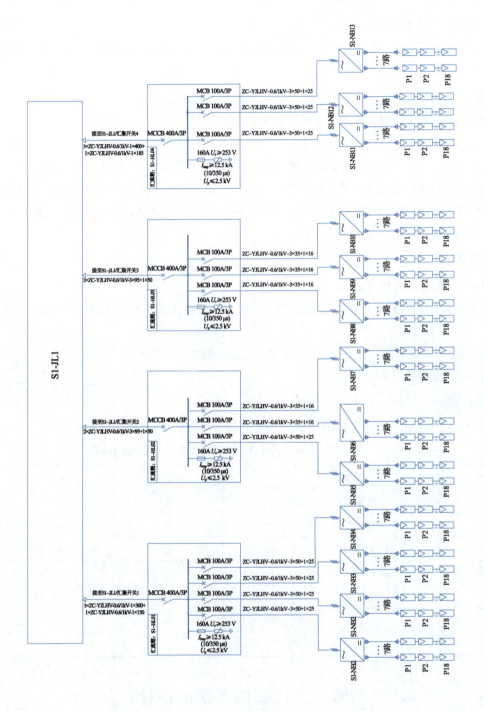

图6-29 厂区光伏电站一次主接线图

(2) 防孤岛检测及安全自动装置

380 V 电压等级不配置防孤岛检测及安全自动装置,采用具备防孤岛能力的逆变器。

12. 电能量计量

当运营模式为自发自用时,在单套设置计量表,便于计费补偿。

当运营模式为余电上网时,除单套设置计量外,还应设置关口电能量计量表。

电能表采用静止式多功能电能表,至少应具备双向有功和四象限无功计量功能,事件记录功能,应具备电流、电压、电量等信息采集和三相电流不平衡检测功能,配有标准通信接口,具备本地通信和通过电能信息采集终端远程通信的功能,电能表通信协议符合 DL/T 645。计量表采集信息应分别接入电网管理部门和光伏发电管理部门(政府部门或政府指定部门)电能信息采集系统,作为电能量计量和电价补贴依据。

13. 系统通信

本项目信息传输通过无线方式。

在并网点配电室配置无线采集终端装置和通信箱,也可接入现有集抄系统实现电量信息远传。

380 V 并网运行信息从工厂采集后,经各自的通信通道传输至相关部门。

无线接入时,应满足安全防护要求。

14. 设备清单

青岛 6.442 2 MWp 分布式光伏 BIPV 发电项目主要设备清单见表 6-15。

表 6-15 青岛 6.442 2 MWp 分布式光伏 BIPV 发电项目主要设备清单

序号	名称及规格	单位	数量
1	450 W 组件	块	7 796
2	460 W 组件	块	6 376
3	50 kW 逆变器	台	96
4	60 kW 逆变器	台	17
5	交流汇流箱	台	28
6	并网柜	台	9
7	通信箱	台	8

6.9 离网型光伏发电系统的设计

离网型光伏发电系统不需要与公共电网并网,所以特别适合没有公共电网的边远地区等特殊场所。但是,离网型光伏发电系统要额外配备储能系统,这会造成投资安装成本升高。图 6-30 所示为离网型光伏发电系统的结构示意图。

离网光伏发电系统与并网光伏不同,并网光伏要求全年最大发电量,而离网光伏系统则要求保证最差辐射月的发电量。离网系统是专为特定的负载提供电力,因此要准确计算负载的功率和供电时间。最简单的计算公式如下：

$$光伏组件的功率 = \frac{用电负荷功率 \times 用电小时}{当地峰值日照小时} \times 1.8 \sim 2$$

$$蓄电池容量 = \frac{用电负荷功率 \times 用电小时}{系统工作电压} \times 1.8 \sim 2 \times 连续阴雨天数$$

式中，功率单位为 W；电压单位为 V；容量为 Ah。

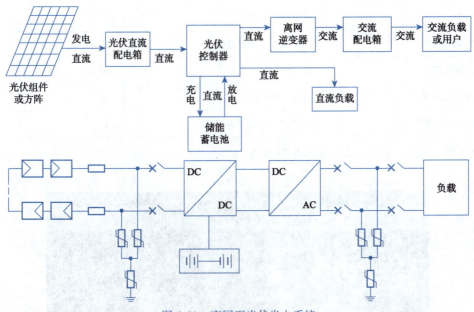

图 6-30 离网型光伏发电系统

下面是家庭离网型光伏发电系统配置举例。表 6-16 为该家庭的用电设备耗电情况。由于该家庭有公共电网，所以连续阴雨天设为 0.5，弥补临时停电带来的缺电困扰。

表 6-16 某家庭负载功率及耗电情况

用电设备	负载功率（W）	数量	合计功率	每天工作小时数	每天耗电量	连续阴雨天
立式空调	1 700	1	1 700	6	10 200	
挂式空调	900	1	900	6	5 400	
热水器	1 500	1	1 500	2	3 000	
茶吧机	1 425	1	1 425	2	960	0.5
冰箱	130	1	130	12	1 560	
照明灯	18	5	90	4	360	
合计			5 745		21 480	

代入上述公式，通过计算，需要的光伏组件容量是 6 203 W。选用 270 W 多晶光伏组件 24 块，采取 6 块串联 4 串并联的连接方式组成光伏方阵，总容量为 6 480 W。光伏控制器选用 MPPT 96 V/100 A，逆变器选用 96 V/10 kW 的工频纯正弦波逆变器。表 6-17 为离网型光伏发电系统配置表。

表 6-17　离网型光伏发电系统配置表

名　称	型　号	数　量
光伏组件	单晶 270 W	24 块（6 串×4 并）
蓄电池组	250 Ah、12 V 胶体铅酸电池	16 块（8 串×2 并）
控制逆变一体机	96 V、100 A	1
蓄电池支架	250 Ah 专用	1
光伏支架	41×62U 镀锌钢材	2
防雷计量配电箱	含单相电能表、单相浪涌器	1
光伏直流电缆	FL-1×4 mm^2	60 m
直流接线连接器	MC4 1-1 \ MC4 1-2	10
双电源自动转换配电箱	含双路空开、自动转换开关	1

离网型光伏发电系统逆变器如图 6-31 所示。

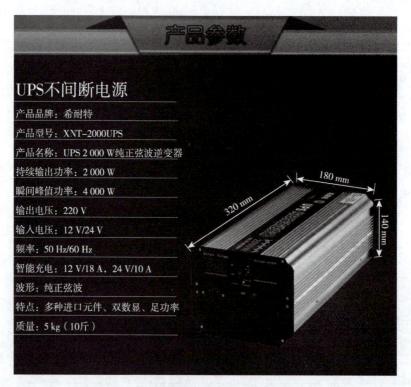

图 6-31　离网型光伏发电系统逆变器

光伏用胶体铅酸电池如图 6-32 所示。

离网型电气连接示意图如图 6-33 所示。

第 6 章 分布式光伏发电站的设计

图 6-32 光伏用胶体铅酸电池

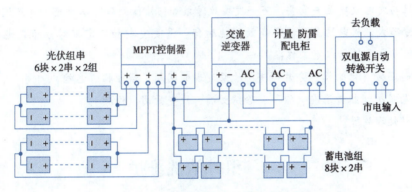

图 6-33 离网型电气连接示意图

习　题

1. 已知一家户用朝南陶瓷瓦斜坡屋顶的尺寸是 18 m×5 m。请为该户设计一个并网型分布式光伏电站。

2. 已知上海市一家工厂有三个厂房，每个厂房都是 150 m×30 m 的平屋顶。请为该厂设计一个并网型分布式光伏电站。

第 7 章 分布式光伏电站的运行维护

阅读导入

在众多的分布式光伏电站中,经常能看到灰尘布满了整个光伏组件而不清洗。还有树枝树叶落到光伏组件上而不及时清理。这些都会降低光伏发电系统的效率,甚至会损坏光伏组件。分布式光伏电站一旦建成后该如何维护?预防比维修更重要。主动运维检查光伏电站对于提高光伏电站可靠性与发电效率至关重要。万一发现故障该如何检修处理?本章重点介绍这些内容。

为了让分布式光伏电站安全稳定高效率地运行,需要定期和不定期对分布式光伏电站进行维护。进行维护主要包括以下工作:

(1) 按时巡检(定时间、分片检查、检修发现的问题、清理临时遮挡)。
(2) 定期维护(组件清洗、除草、除锈防腐、检查紧固、检测)。
(3) 及时处理故障。

7.1 组件清洗维护

光伏组件是太阳能发电系统中的核心部分,也是太阳能发电系统中价值最高的部分。光伏组件的稳定高效运行是整个发电系统的前提。定期巡检维护内容如下:

- 检查光伏组件有无破损,要做到及时发现,及时更换。
- 检查光伏组件连接线和接地线是否接触良好,有无脱落现象。
- 检查光伏组件支架、卡扣有无松动和断裂现象。
- 检查清理光伏组件周围遮挡电池板的杂草。
- 检查光伏组件表面有无遮盖物。
- 检查光伏组件表面上的鸟粪,必要时进行清理。
- 检查光伏组件有无热斑,内部焊线有无变色及断线。
- 对光伏组件的清洁程度进行检查。
- 大风天气应对光伏组件及支架进行重点检查。
- 大雪天应对光伏组件进行及时清理,避免电池板表面积雪冻冰。
- 大雨天应检查所有的防水密封是否良好,有无漏水现象。
- 检查是否有动物进入电站对光伏组件进行破坏。
- 冰雹天气应对光伏组件表面进行重点检查。

- 对光伏组件温度进行检测，与环境温度相比较进行分析。
- 对所检查出来的问题要及时进行处理、分析、总结。
- 对每次检查要做详细记录，便于以后的分析。

我国经常遭受沙尘袭扰，特别是我国西部的黄土高原和沙漠戈壁，干旱少雨。一遇刮风天气容易沙尘蔽日。沙尘在光伏组件表面的沉积会严重影响阳光透过，直接影响光伏发电量。研究表明，严重的粉尘遮挡，能使光伏组件发电效率降低30%左右。另外，灰尘影响组件散热，从而降低组件转换效率；带有酸碱性的灰尘长时间沉积在组件表面，侵蚀组件玻璃表面造成玻璃表面粗糙不平，使灰尘进一步积聚，同时增加了玻璃表面对阳光的漫反射，降低了组件接收阳光的能力；组件表面长期积聚的灰尘、树叶、鸟粪等，会造成组件电池片局部发热，造成电池片、背板烧焦炭化，甚至引起火灾。所以，组件需要不定期地进行擦拭清洗。降雨频繁的地区，降雨就能对光伏组件自清洗，平时不需要人工清洗。但是如果由于各种原因造成组件灰尘沉积明显的，必须对组件进行清洗。户用小型光伏电站可以用自来水冲洗，然后用柔软的海绵抹布擦拭清洗。大型的光伏电站可以采用专业的清洗车或者机器人，如图7-1所示。

图7-1　光伏组件清洗机器人

7.2　清除遮挡物

遮挡光伏组件通常有两种：一种是远距离遮挡；一种是近距离遮挡。远距离遮挡指遮挡物离光伏组件的距离在0.5 m以上。例如前排对后排组件的遮阴，电线杆或树等对光伏阵列的遮阴。这种遮阴通常是遮挡太阳的直射光线，对散射辐射影响不太大。也就是说此时被遮挡的光伏组件仍旧会发电，但是无法接收到太阳的直射辐射部分，只能转换散射辐射发电。对于大部分地区来说，天气晴朗时太阳能直射和散射的比例大约为60%和40%左右，也就是说遮挡了直射辐射的光伏组件或电池通常不会启动旁路二极管，而且只能发出原额定容量40%左右的电力。远距离遮阴的阴影一般会随着太阳的移动而移动，所以这种遮阴虽然会影响光伏电站的发电量，但是一般对光伏组件性能的影响较小。图7-2所示为远距离遮挡物。

图 7-2 远距离遮挡物

近距离遮阴通常是指遮挡物距被遮挡物距离在 50～500 mm，通常这种遮阴是由于靠近光伏组件的小树、小草导致的。这种遮阴由于距离较近，不仅会遮挡太阳能的直射光，对散射光也会产生遮挡。近距离遮阴不仅影响光伏发电，而且还会使光伏组件和电池产生热斑，影响光伏发电组件的寿命。运维时要及时铲除。图 7-3 所示为近距离遮挡物。

图 7-3 近距离遮挡物

7.3 逆变器的检查维护

并网逆变器是光伏电站中重要的电气设备，同时也是光伏发电系统中的核心设备。无论逆变器安装在室内还是室外，都要保证逆变器的通风散热正常，定期检查确保逆变器通风口没有灰尘等物的阻塞，确保每一台逆变器运行正常，温升正常。风扇在组串逆变器中主要承担散热的功能，组串逆变器一般会直接应用于户外环境，常年暴露在风吹雨淋、沙尘、暴晒中，风扇寿命无法与逆变器匹配，应注意定期检查及时更换有故障的风扇。此类逆变器的风扇一旦出现故障会导致逆变器内部温度急剧升高，损坏电路严重的会引起火灾。实际上除了风扇的问题，过量的粉尘接入逆变器内部会导致内部高压打火短路，造成逆变器的损坏。所以其安装位置应避免粉尘环境。

逆变器定期巡检包括如下内容：
- 逆变器通风滤网的积灰程度。
- 逆变器直流柜内各表计是否正常、断路器是否脱扣，接线有无松动发热及变色现象。
- 逆变器通风状况和温度检测装置是否正常。
- 逆变器有无过热现象存在。
- 逆变器引线及接线端子有无松动，输入/输出接线端子有无破损和变色的痕迹。
- 逆变器各部连接是否良好。
- 逆变器接地是否良好。
- 逆变器室内灰尘。
- 逆变器风机是否运行正常及风道通风是否良好。
- 逆变器各项运行参数设置是否正确。
- 逆变器运行指示灯显示及声音是否正常。
- 逆变器防火封堵是否合格、防鼠板是否安装到位。
- 检查逆变器防雷器是否动作（正常为绿）。
- 逆变器运行状态下参数是否正常（三相电压、电流是否平衡）。
- 逆变器运行模式是否为MPPT模式。

7.4 设备连接处的接触维护

定期巡检维护，确保光伏组件的连接器之间连接一定要牢靠，不能接触不良。确保汇流箱内熔丝、开关等接触良好，温升正常。确保高压开关和并网点接触温升正常。有条件的单位可采用红外线摄像设备进行检测，可以将很多故障隐患消灭在萌芽状态。如图7-4所示，红外线摄像仪显示红色高温的设备就要注意检查维护，使其接触牢靠，或者及时更换，避免其出现烧毁断路等故障。

图7-4　手持式红外摄像温度仪

7.5 汇流箱检查维护

汇流箱就是汇集电流的一个设备,主要使用于大中型光伏系统中,光伏阵列中组件串数量多,输出多,必须要有一个设备把这些输出集中起来,使之可以直接连在逆变器上。在太阳能光伏发电系统中,为了减少太阳能光伏电池阵列与逆变器之间的连线,以及光伏系统的特点,可以将一定数量、规格相同的光伏电池串联起来,组成一个个光伏串列,然后将若干个光伏串列并联接入光伏汇流防雷箱,在光伏汇流防雷箱内汇流后,通过直流断路器输出,与光伏逆变器配套使用,从而构成完整的光伏发电系统,实现并网。

光伏防雷汇流箱的巡检应做到每月巡视一次,在巡视过程中必须按照电厂安全规程的要求,至少由两人巡视,严禁单人巡视。巡视时主要检查汇流箱的外观,以及柜体固定螺栓是否松动;浪涌保护器(防雷装置)以及电缆、正负极接线板有无异常现象。在检查时还要查看每一支路的电流,检查接线是否松动,接线端子及保险底座是否变色。

在检查时还要看汇流箱内的母排是否变色;螺栓是否紧固;接地是否良好;柜内断路器有无脱扣发热现象;检查防火封堵是否合格;检修断路器时必须将相应逆变器直流柜内的断路器拉开。汇流箱内的母排螺栓每年紧固一次。

要定期检查汇流箱内部是否有雨水淋湿情况,确保内部电气接触良好,接触点无烧蚀痕迹,熔丝、开关等电器无明显升温,功能正常。及时更换升温严重的电器或器件,确保运行正常。要定期检测接入各光伏汇流箱或者逆变器的光伏组件串支路电压,如图7-5所示。在晴朗天气各支路电压应基本一致,相对误差应不大于5%。要定期检测接入各光伏汇流箱或逆变器的光伏组件串支路电流和总输出电流,如图7-6所示。在晴朗天气各支路电流应基本一致,相对误差应不大于5%。

图7-5 测组件串电压

图7-6 测组件串电流

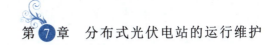

如果发现组件串出现电压或者电流的异常现象，一定要及时找出该组件串究竟哪个部件出现了故障，该维修就维修，该替换就替换，以提高电站的发电效率。

此外，要定期巡检，确保基础及支架稳定可靠，固定螺栓无锈蚀无松动。螺栓锈蚀的话要及时粉刷油漆或者替换，松动的话及时紧固。

习　题

1. 光伏组件的维护包括哪几个方面？
2. 逆变器的维护包括哪几个方面？
3. 常用的运维工具有哪些？各自的功能是什么？

第8章 分布式光伏电站常见故障及排除

阅读导入

在整个光伏发电系统中,光伏组件、直流汇流箱和逆变器合计发生故障的频次占总故障比例的90%左右,而线缆、箱变、土建、支架和升压站等方面的故障占比较小。

从故障现象来判断,主要有纯粹不发电和发电量小。排除故障时以逆变器为中心进行判断,通过逆变器显示的信息进行判断和检修。

8.1 分布式光伏电站常见故障

8.1.1 光伏组件故障

光伏组件的封装材料和封装水平直接影响光伏组件的寿命。目前使用的主流封装材料是EVA胶,PVB封装胶的寿命更高,组件寿命高达50年。组件的背板对组件的寿命也有重要影响。应尽量选用TPT背板或TPE等特氟龙材料封装的光伏组件(一般不透光),双玻组件性能很好,只是价格略高。个别厂家使用廉价特氟龙涂层材料,性能较差,寿命较短,严重的几年后会产生背板粉化、龟裂(见图8-1),严重影响组件使用寿命。铝边框材料要有足够的厚度和强度,实践中有很多电站由于边框强度不够导致组件承受不了风雪荷载导致破裂的现象。

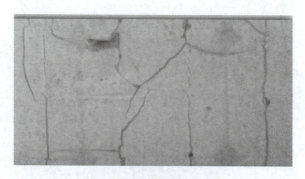

图8-1 背板的龟裂老化

雷击也能造成组件损坏。某电站发电明显下降。用万用表和钳形电流表测试发现其中一串组件无电压,无电流。经现场检查,发现该组件串中有2块组件受到不同程度的雷击损坏。此时必须更换新组件。

组件热斑引起发电量下降。某光伏电站发电明显下降。用万用表和钳形电流表测试发现其中一串组件电压低，电流小。经现场检查，发现该组件串中有 1 块组件电池片中的一块电池片有明显热斑（见图 8-2），严重影响组件串内其他组件的输出性能。此时必须更换新组件。

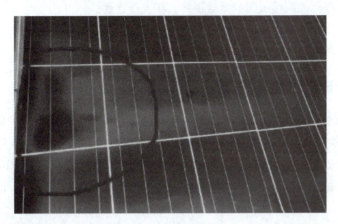

图 8-2 光伏组件热斑

光伏组件接线盒旁路二极管烧毁会导致输出电压不足。某电站一台逆变器发电明显下降，用万用表和钳形电流表测试发现其中一串组件电压低。经现场检查，发现该组件串中有 1 块组件输出电压仅 25 V 左右（正常工作电压为 37 V 左右），仔细观察光伏组件表面无故障，但光伏组件表面局部温度偏高，打开组件接线盒发现内部三个旁路二极管，其中一个明显发烫，用万用表电阻挡测量，发现已经烧毁（见图 8-3），失去单向导电性能，判断是旁路二极管质量问题所致。故障处理方法是更换二极管或更换新的光伏组件。

图 8-3 光伏组件一个旁路二极管烧毁

8.1.2 逆变器阴雨天后停机

光伏直流侧对地漏电导致逆变器工作不正常，光伏电站经常在下雨天出现光伏逆变器无法启动等工作不正常故障，经检查光伏组件的输出电压正常，交流侧漏电保护开关也正常，未动作，逆变器交流输出端市电交流电压正常。怀疑是逆变器故障，可是更换一台新逆变器故障依旧。经仔细检查线路，发现光伏阵列之间有一个接头下垂在组件铝合金边框槽内并泡在水中，导致直流侧对地产生短路漏电。这个故障直接导致逆变器无法正常运行。经重新处理连接线，该故障排除，系统正常运行。逆变器阴雨天的停机往往都是如下几个因素造成的：

- 组串中某一组件的连接线因绝缘层损坏，和支架连通。
- 组串中某一组件连接 MC4 密封差，进雨水后与支架连通。
- 组串至光伏控制器（直流汇流箱）的直埋电缆的绝缘层损坏。

8.1.3 晴天中午逆变器停机保护故障

极个别光伏电站在晴天的中午时会发生逆变器停机保护。尤其是当用户侧电网接入过多光伏发电系统时，此类故障常发。原因是电网电压过高导致逆变器过电压保护停机。我国逆变器的过欠电压保护值国家标准为 195.5～253 V。即对于单项逆变器，它的最高工作电压应小于253 V，如果电网电压高于该值，逆变器就会报警电网电压过高而停止工作。解决该问题的办法有如下几个方案：

- 尽量将光伏发电站的接入点靠近变压器输出端，减少线路电压损耗。
- 尽量缩短逆变器交流输出端的线路长度，或采用较粗的铜芯线缆，以减少逆变器与电网之间的电压差。
- 若有可能，可适当调低变压器的输出电压。

8.1.4 漏电保护开关故障导致经常跳闸

光伏并网发电系统是一个双电源系统，在这个系统中。当夜晚光伏系统不发电时，光伏系统就如同一个普通负荷，漏电保护器开关将对该开关以后的电路执行漏电保护功能，可是在白天，逆变器开始工作，光伏发电的电动势大于电网，光伏开始向电网输电，这时的光伏发电系统成为主电源，电网反而成了负荷，此时如果电网侧有某种漏电故障，保护开关也会自动切断电网电源，光伏逆变器由于失去电网电压也会孤岛保护，停止发电。由于漏电保护器动作需要人为复原，如果漏电保护器误动作频繁，而用户不知道，不及时恢复保护开关，光伏电站不能发电就会造成经济损失。

光伏发电系统中的支架和逆变器外壳都有防雷安全接地，无论光伏发电的直流系统还是逆变器的交流输出都是相互绝缘的，逆变器输出的交流电也是浮地运行，不直接接地，因此通常该漏电保护器应该是可以正常运行的。但是由于光伏电站的实际情况比较复杂，雨水侵入汇流箱、配电箱等导致接线对地短路或漏电的现象，导线老化、线路和用电设备绝缘电阻低、泄露大甚至接地，就会致使保护器频繁动作，这不仅严重影响了光伏电站的正常发电，也会产生一些安全隐患。

对于在配电箱内配备防雷系统的，要注意检测相关防雷压敏元件的质量和长期稳定性，特别是历经严重雷击后，会对一些防雷压敏元件造成不可恢复的损伤，这种问题比较常见，应该引起重视。发现有漏电故障的压敏元件要及时更换，否则将导致漏电保护器频繁误动作。

由于环境潮湿、进水等原因导致逆变器内部绝缘性能降低，也是引起漏电保护器动作的原因之一,要注意将逆变器安装在干燥、防水和通风的位置上。

对于三相交流电的接入系统,零线断线或接触不良,会致使中点电位偏移零电位,某相位电压偏高或偏低,会导致烧毁漏电保护器或无法正常动作。

有时候手电钻、小型切割机、电焊机等周边的强无线电电磁干扰或雷电干扰也会导致漏电保护器误动作。

8.2 分布式光伏电站组件故障的应急处理办法

当发现电站组件串中有一个组件破损或其他故障,应及时更换,不能带病工作,以免因一块板的故障影响整体发电,或引起短路或者打火导致火灾或产生更大的损失。若由于订购新组件等原因需要很长一段时间,为了不影响系统发电,可以将原来光伏组件从原组件串断离,用一段跨越线,直接跨过有故障的组件,这样的方法虽然对电站发电量稍有影响,但比整个串不工作的影响要小很多,如图8-4所示。

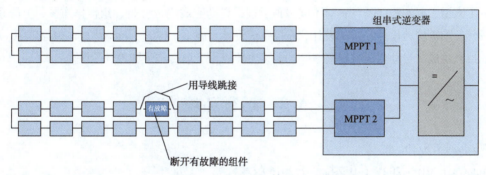

图8-4 用导线跨接故障光伏组件以暂时维持该组件串的输出

习 题

1. 光伏组件故障有哪几种?各自如何解决?
2. 逆变器阴雨天后停机的原因通常是什么?如何解决?
3. 漏电保护开关故障导致经常跳闸的原因通常是什么?如何解决?

附录 A
光伏施工图软件使用手册（节选）

A.1 软件概述

光伏施工图软件是一款基于 CAD 设计平台开发的针对屋顶分布式光伏施工图设计软件。软件融合了大量工程实践经验，针对不同屋顶类型，自动完成阴影分析、组件排布图、方阵设计、组串设计、防雷接地设计、桥架设计、监控系统设计、施工大样图、自动生成电气原理图、图框设置、目录生成、自动生成材料清单等功能。主要应用于项目施工图设计阶段。

A.2 运行环境

Windows 7/8/10。
AutoCAD 2016～2021（不支持低于 2016 版本）。

A.3 软件安装

A.3.1 下载

① 下载时单击"浏览"按钮，在 D 盘内新建文件夹，命名为"d"，选择此文件夹后单击"下载"按钮，如附图 A-1 所示。

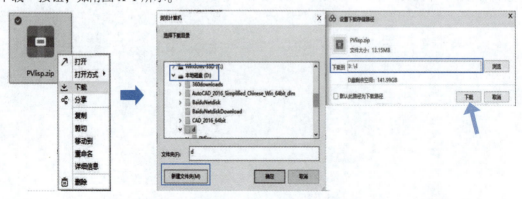

附图 A-1 软件下载

附录 A　光伏施工图软件使用手册（节选）

② 从 D 盘文件夹中解压，删除原压缩包，只留下 PVlisp 文件夹

A.3.2　安装

① 打开 AutoCAD 软件，单击左上角图标，在弹出的控制菜单中选择"选项"命令。

② 弹出"选项"对话框，选择"文件"选项卡，单击右侧"添加"按钮，再单击"浏览"按钮，弹出"浏览文件夹"对话框。

③ 在浏览文件夹对话框中选择 D 盘下 d 文件夹中的"PVlisp"文件夹，单击"确定"按钮。

④ 选项对话框中显示 PVlisp 路径，单击"确定"按钮，如附图 A-2 所示。

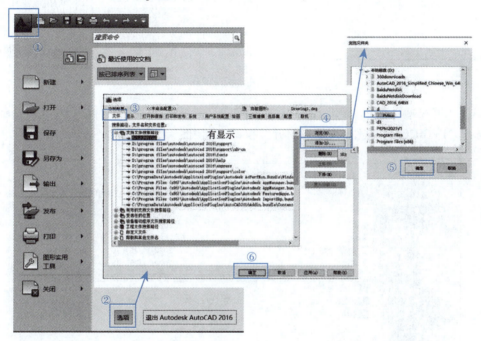

附图 A-2　软件文件添加

A.3.3　加载

① 新建空白 acad 文件，单击 AutoCAD 软件左上角"新建"按钮，弹出"选择样板"对话框，选择 acad 文件，单击"打开"按钮，如附图 A-3 所示。

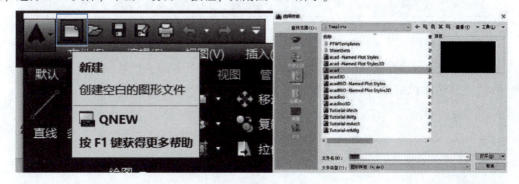

附图 A-3　新建空白 acad 文件

② 输入字母 MENULOAD 后右击，弹出"加载/卸载自定义设置"对话框，如附图 A-4 所示。

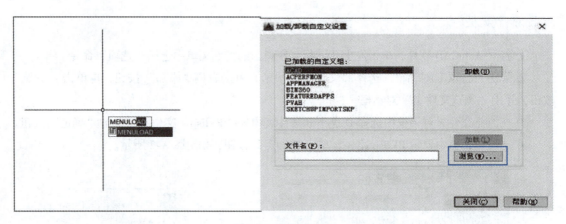

附图 A-4　软件加载

③ 单击"浏览"按钮，弹出"选择自定义文件"对话框，查找范围设为 D:\d\PVlisp 文件夹，选择"PVGH2022"文件，单击"打开"按钮，如附图 A-5 所示。

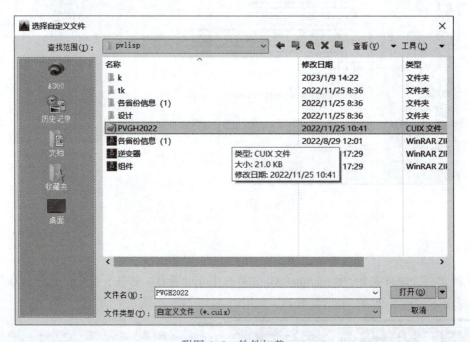

附图 A-5　软件加载

④ 弹出"加载/卸载自定义设置"对话框，单击"加载"按钮，加载成功后 CAD 界面上方菜单栏中显示"GH-PV1.0"插件，如附图 A-6 所示。关闭对话框。

附录 A 光伏施工图软件使用手册（节选）

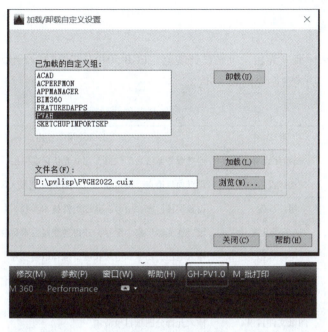

附图 A-6 软件加载

A.4 软件界面与功能

A.4.1 界面

打开 AutoCAD 软件，首先设置单位，操作步骤：选择"格式"→"单位"命令，弹出"图形单位"对话框，将"插入时的缩放单位"设置为"毫米"，如附图 A-7 所示。

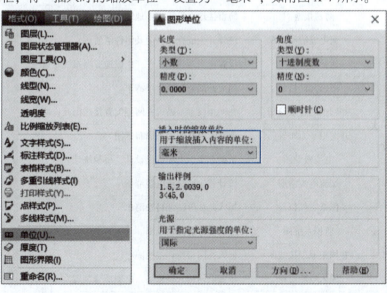

附图 A-7 单位设置

A.4.2 主要功能

本软件依据国家标准《光伏发电站设计规范》(GB 50797—2012)及光伏电站施工设计内容划分主要功能模块,功能说明见附表 A-1。

附表 A-1　光伏设计软件功能模块说明

序号	模块	功能名称	描述
1	基本设置	初始化设置	连接服务器已启动软件,建立光伏标准图层
2		地区设置	设置项目地点,确定经纬度、50 年一遇最大风雪压等
3		组件设置	设置组件厂家、型号,获取组件技术参数
4		逆变器设置	设置逆变器厂家、型号,获得逆变器技术参数
5		电缆选型	输入电压、功率和电缆长度,推荐电缆型号,计算电缆电流、压降等
6		组串计算	根据选取的组件、逆变器型号,计算推荐组件组串数、MPPT 最高组串数,开路电压最高组串数
7	总的部分	图纸文件目录	插入此部分图纸目录清单
8		设计说明书	插入电气设计总说明
9		电气主接线图	绘制电气主接线图
10		电气总平面布置图	绘制电气总平面布置图
11		主要电气设备材料表	统计并插入主要电气设备材料清单
12	直流部分	图纸文件目录	插入此部分图纸目录清单
13		组件布置图	女儿墙及障碍物阴影分析、组件布置形式设置、组件排布与统计
14		组串接线图	电气接入形式设置、组串设计、直流电缆敷设与统计、视频监控与环境检测仪布置等
15		防雷接地图	防雷接地点设置、接地线布置与统计等
16		直流电缆清册图框	统计并生成直流电缆及附件清册
17		逆变器接线图	设置逆变器接线形式,生成逆变器接线示意图
18	交流一次部分	图纸文件目录	插入此部分图纸目录清单
19		并网柜配置接线图	并网柜设置,插入并网柜配置接线图及说明
20		并网柜平面布置图	辅助绘制并网柜平面布置图
21		电缆敷设图	桥架选型、电缆敷设设计、桥架统计
22		交流电缆清册	统计并生成交流电缆清册
23	交流二次部分	图纸文件目录	插入此部分图纸目录清单
24		监控系统图	辅助设计监控系统图
25		并网柜原理接线图	插入并网柜原理接线图
26		插入电能质量	依据电网接入要求插入电能质量装置

续表

序号	模块	功能名称	描 述
27	土建部分	图纸文件目录	插入此部分图纸目录清单
28		支架结构设计总说明	插入不同安装形式的支架结构设计总说明
29		组件支架图	插入不同安装形式的组件支架详图
30		基础/导轨平面布置图	不同安装形式基础导轨计算、布置图绘制及材料统计
31		检修通道布置图	检修通道设计及统计
32		检修通道及电缆桥架详图	插入检修通道及电缆桥架详图
33		逆变器支架详图	插入不同安装形式逆变器支架详图
34		安全护栏详图	插入安全护栏详图
35		水工设计说明	插入水工设计说明
36		水清洗布置图	水清洗系统设计
37		主要结构设备材料表	统计并自动生成主要结构设备材料表
38	材料清单	材料清单-低压 Excel	一键生成低压光伏系统材料清单 Excel

A.5 设计流程

软件设计流程如附图 A-8 所示。

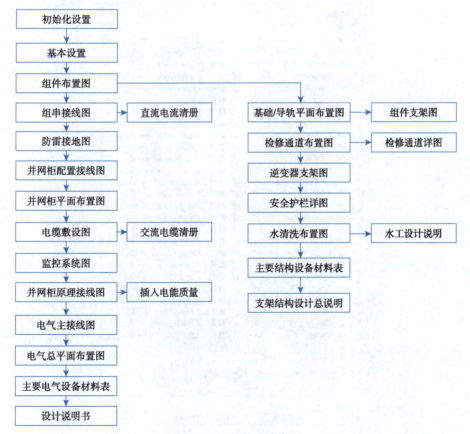

附图 A-8 软件设计流程

A.6 施工图设计

A.6.1 基本设置

① 初始化设置，自动生成光伏设计标准图层，如附图 A-9 和附图 A-10 所示。

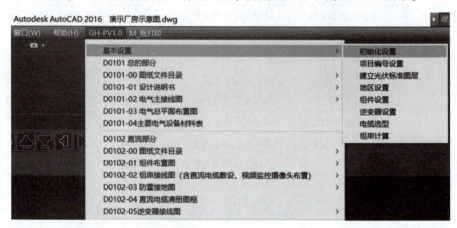

附图 A-9 初始化设置

附图 A-10 光伏标准图层

附录 A　光伏施工图软件使用手册（节选）

② 地区设置，选择省份、城市，自动生成该地区的气象参数，可手动定义，如附图 A-11 所示。

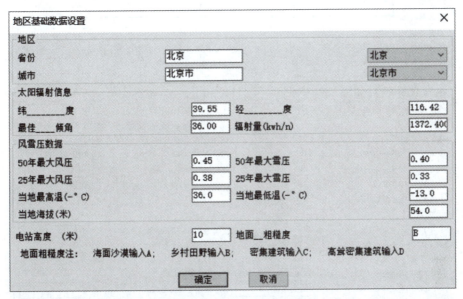

附图 A-11　地区基础数据设置

③ 组件参数设置，选择组件厂家、组件型号，自动生成技术参数，如附图 A-12 所示。

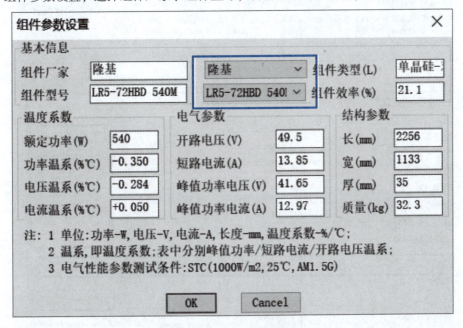

附图 A-12　组件参数设置

④ 逆变器参数设置，选择逆变器厂家、逆变器型号，自动生成技术参数，如附图 A-13 所示。

⑤ 交流电缆参数设置。选择电缆参数→电缆初选→电缆选型→确认，如附图 A-14 所示。

⑥ 组串计算。可根据选好的组件及逆变器自动计算推荐设计组串数，如附图 A-15 所示。

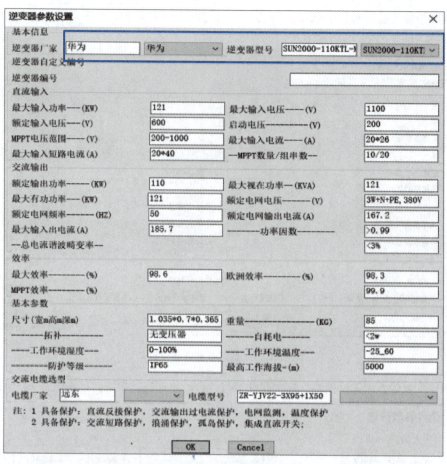

附图 A-13　逆变器参数设置

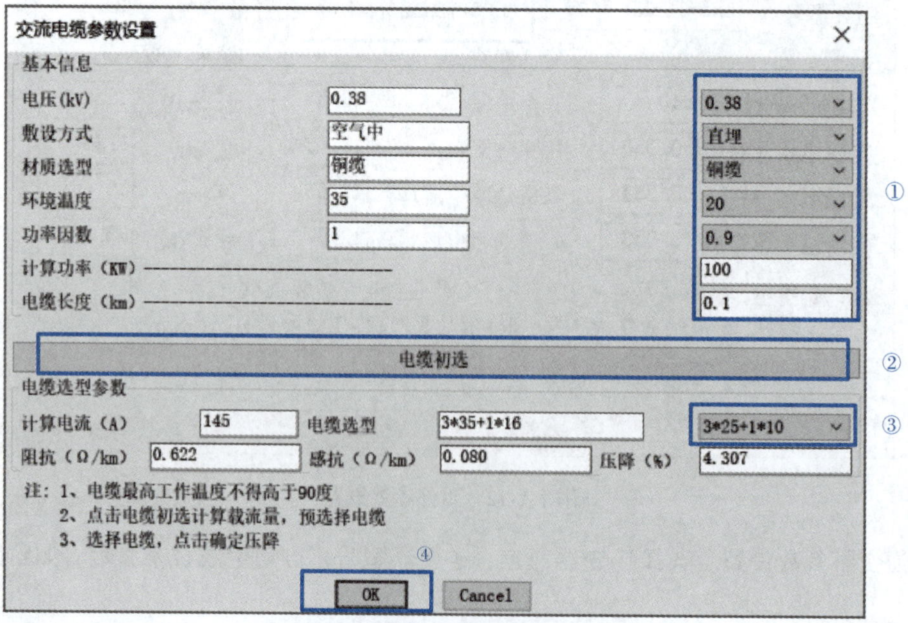

附图 A-14　交流电缆参数设置

附图 A-15 组串计算

A.6.2 组件排布图绘制

① 阴影分析：依据指示选择女儿墙及障碍物，输入高度及方位角，分别进行阴影分析，如附图 A-16 所示。

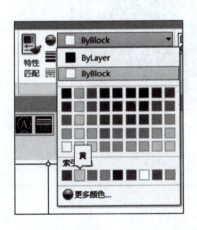 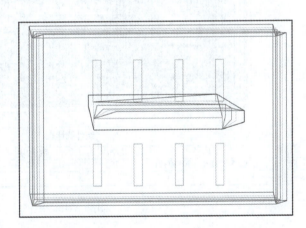

附图 A-16 阴影分析

注意：障碍物阴影分析前需采用黄色矩形工具绘制障碍物轮廓。

② 屋面设置及组件排布：可手动设置屋面方阵排布方式，后采用坡屋面排布或平屋面排布，采用坡屋面排布时，倾角默认为 0°平铺，采用平屋面排布时倾角依据屋面设置中的"方阵倾角"确定，如附图 A-17 所示。

③ 组件统计：依据提示框选组件，得到统计结果，如附图 A-18 所示。

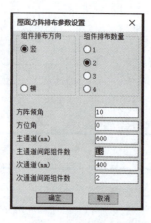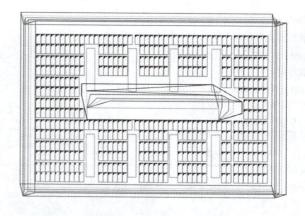

附图 A-17　组件排布

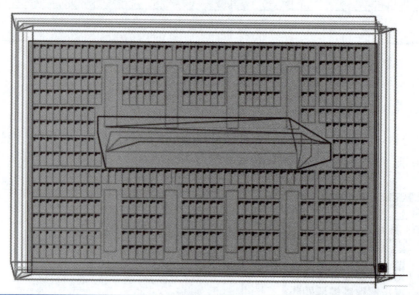

组件统计表				
制造商	称号	功率/W	数量/块	容量/kW	建筑名称
隆基	LR5-72HPH 550M(G2)	550	452	248.6	彩钢瓦

附图 A-18　组件统计

A.6.3　基础/导轨布置

① 布置前首先完成"基本设置-地区设置及组件设置",以彩钢瓦屋顶为例,首先进行夹具/导轨等材质的选型与计算。

单击"基础/导轨平面布置图-彩钢瓦屋顶夹具及导轨计算",通过下拉列表初步设置导轨檩条的型号和材质。依据屋面实际瓦楞间距确定夹具间距,如附图 A-19 所示。

根据之前设置的地区及组件信息软件自动显示项目地风雪压、建筑高度、组件尺寸等计算所需相关参数。

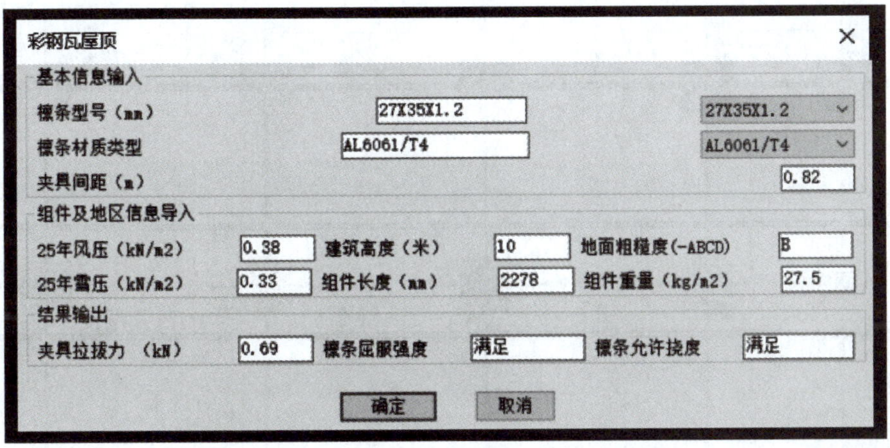

附图 A-19　彩钢瓦屋顶夹具及导轨计算

单击"确定"按钮，计算得到夹具拉拔力要求、檩条强度和挠度验证结果。若显示檩条强度不满足要求，则可在下拉列表中重新选择檩条型号和材质后重新进行计算。计算完成关闭窗口。

② 基础/导轨布置。单击"基础/导轨平面布置图－角驰屋面绘制"，依据提示输入屋面可夹波峰间距，框选需绘制导轨的组件方阵，右击确认，自动绘制导轨及夹具。依据提示单击"空格"可选择下一个方阵。结束绘制输入 0。附图 A-20 所示为彩钢瓦屋顶夹具及导轨布置，附图 A-21 所示为混凝土屋顶支架及导轨布置。

注意：竖向过道两侧组件方阵需分别绘制。

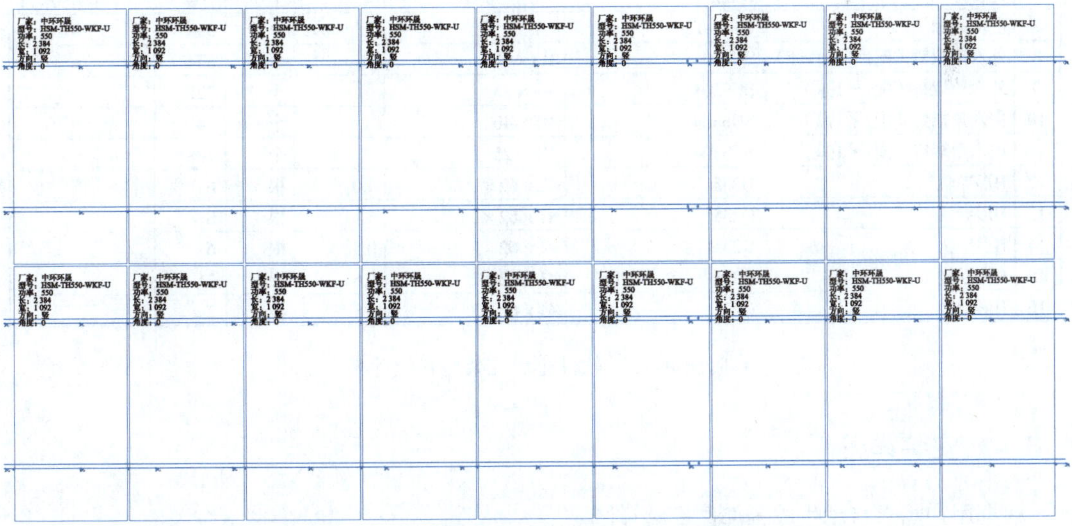

附图 A-20　彩钢瓦屋顶夹具及导轨布置

③ 支架材料统计。框选需统计的组件方阵，选择统计表左上角插入点，自动生成基础导轨夹具等构件材料清单，如附图 A-22 所示。

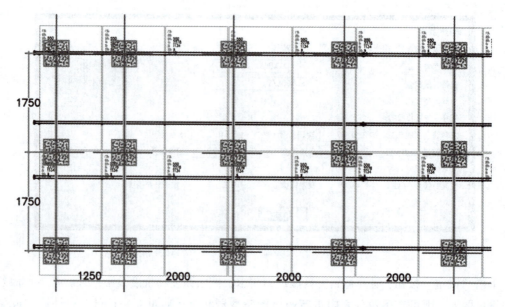

附图 A-21　混凝土屋顶支架及导轨布置

彩钢瓦		彩钢瓦屋顶材料清单（角驰/直立锁边）					
序号	品名	材料	规格	长度（m）	单位	数量	备注
1	组件				块	452	
2	边压块	6063-T5			个	44	
3	中压块	6063-T5			个	188	
4	导轨连接件	6063-T5			个	26	
5	夹具（套）	6063-T5			个	322	
6	连接件螺母	6063-T5			个	104	
7	滑块螺母	6063-T5			个	554	
8	外六角螺钉（配2平1弹1母）	SUS304	M8×30		个	644	
9	外六角螺钉（配1平1弹）	SUS304	M8×25		个	322	
10	内六角螺钉（配1平1弹）	SUS304	M8×40		个	44	
11	内六角螺钉（配1平1弹）	SUS304	M8×25		个	188	
12	H形导轨	Q235	41×62×2	4.0	根	6	
13	H形导轨	Q235	41×62×2	5.1	根	8	
14	H形导轨	Q235	41×62×2	0.5	根	6	
15	H形导轨	Q235	41×62×2	6.6	根	26	
16	H形导轨	Q235	41×62×2	3.5	根	2	

附图 A-22　软件生成支架材料统计表

A.6.4　安装详图

根据用户需求自动生成各部件安装详图。

光伏组件排布布置和土建基础/导轨布置设计完成后，可进行光伏电气系统设计。电气系统设计部分功能参考软件实际应用。

参 考 文 献

[1] 中国可再生能源学会光伏专业委员会. 2020 年中国光伏技术发展报告:晶体硅太阳电池研究进展(2)[J]. 太阳能,2020(11):24-31.
[2] 格林. 太阳电池:工作原理、技术和系统应用[M]. 狄大卫,曹昭阳,李秀文,等译. 上海:上海交通大学出版社,2010.
[3] 杨金焕. 太阳能光伏发电应用技术[M]. 3 版. 北京:电子工业出版社,2017.
[4] 赵雨,陈东生. 太阳电池技术及应用[M]. 北京:中国铁道出版社,2013.
[5] 中国标准出版社第四编辑室. 电池标准汇编:太阳电池、燃料电池卷[M]. 北京:中国标准出版社,2008.